Ranjan Singh
Ajad Patel
Prashant Singh

Direto para Comer Frutas e Leguminosas

Ranjan Singh
Ajad Patel
Prashant Singh

Direto para Comer Frutas e Leguminosas

Um estudo bacteriológico

ScienciaScripts

Imprint

Any brand names and product names mentioned in this book are subject to trademark, brand or patent protection and are trademarks or registered trademarks of their respective holders. The use of brand names, product names, common names, trade names, product descriptions etc. even without a particular marking in this work is in no way to be construed to mean that such names may be regarded as unrestricted in respect of trademark and brand protection legislation and could thus be used by anyone.

Cover image: www.ingimage.com

This book is a translation from the original published under ISBN 978-620-8-01066-9.

Publisher:
Sciencia Scripts
is a trademark of
Dodo Books Indian Ocean Ltd. and OmniScriptum S.R.L publishing group

120 High Road, East Finchley, London, N2 9ED, United Kingdom
Str. Armeneasca 28/1, office 1, Chisinau MD-2012, Republic of Moldova, Europe
Printed at: see last page
ISBN: 978-620-8-09941-1

Diret to Eat Fruits and Vegetables: Um Estudo Bacteriológico

As frutas e os legumes são alimentos que consumimos todos os dias. Normalmente, são indicados como uma fruta ou legume inteiro, sumo, bebida ou salada, etc., nas tabelas de dietas de todo o mundo. A fruta e os legumes são uma excelente fonte de nutrientes essenciais, como vitaminas, minerais, fibras e antioxidantes, que ajudam a prevenir a diabetes, o cancro e as doenças cardíacas. Os legumes e as frutas desenvolvem-se de forma diferente consoante as várias épocas do ano, que são ideais para as suas condições de crescimento. As frutas e os legumes frescos contêm uma grande quantidade de bactérias nas suas superfícies, nem todas causadoras de doenças. As contaminações provêm de várias fontes, incluindo o solo, a água, os insectos e o ar, de aves, animais e maquinaria utilizada na agricultura que os publicita. A procura de alimentos que sejam microbiologicamente seguros tem-se destacado nos últimos anos devido à crescente consciencialização dos consumidores. Nesta investigação, o objetivo principal era isolar microrganismos de amostras de frutos e legumes frescos e especificar a contagem de bactérias em frutos frescos disponíveis no mercado de Ayodhya, Uttar Pradesh, Índia.

Diret to Eat Fruits and Vegetables: Um Estudo Bacteriológico

Por

Ranjan Singh

Ajad Patel

Prashant Singh

Sobre os autores:

Dr. Ranjan Singh:

O Dr. Ranjan Singh fez o seu mestrado em microbiologia na R.D. University, Jabalpur, M.P., Índia, em 2006, e o seu doutoramento em microbiologia na R.M.L. Avadh University, Ayodhya, U.P., Índia, em 2011. Atualmente, trabalha como Professor Associado no Departamento de Microbiologia (Faculdade de Ciências) da Universidade Dr. Ram Manohar Lohia Avadh, Ayodhya, Uttar Pradesh, Índia. Tem mais de 12 anos de experiência profissional no ensino e na indústria. Tem mais de 15 anos de experiência de investigação. Publicou muitos artigos de investigação internacionais, capítulos de livros e livros. A sua área de interesse de investigação é a microbiologia aplicada e a biotecnologia e microbiologia ambiental. Foi-lhe atribuído um Projeto de Investigação Menor pelo Departamento de Ensino Superior, Governo de Uttar Pradesh, Lucknow, U.P., Índia, sobre Bioremediação de Efluentes de Destilaria utilizando microrganismos.

Dr. Ajad Patel:

O Dr. Ajad Patel é professor convidado no Departamento de Microbiologia (Faculdade de Ciências) da Universidade Dr. Rammanohar Lohia Avadh, Ayodhya,

Uttar Pradesh, Índia. Fez o seu mestrado em microbiologia em 2018 e o seu doutoramento em microbiologia em 2024 no Departamento de Microbiologia da Universidade Dr. Rammanohar Lohia Avadh, Ayodhya, Uttar Pradesh, Índia. Tem 1 ano de experiência profissional no ensino e mais de 3 anos em investigação. Publicou mais de 8 artigos nacionais e internacionais de investigação e de revisão. A sua área de interesse de investigação é a microbiologia agrícola, a microbiologia aplicada, a biotecnologia, a microbiologia ambiental, a microbiologia industrial e a microbiologia médica.

Prashant Singh:

Prashant Singh é um pesquisador da Universidade Dr. RML Avadh Ayodhya, Departamento de Microbiologia. Concluiu o seu mestrado em Microbiologia e Toxicologia Alimentar em 2021 na Universidade Babasaheb Bhimrao Ambedkar (uma universidade central), Lucknow (Departamento de Microbiologia Ambiental). Ele está atualmente trabalhando no Ph.D. projeto "Estudos sobre micróbios e bacteriófagos do rio Ganga desde sua nascente Gaumukh até o ponto final da Baía de Bengala, Índia". Prashant Singh tem mais de 3 anos de experiência em investigação e publicou seis artigos de investigação e um artigo de revisão em revistas indexadas na Web of Science e na Scopus.

DEDICAÇÕES

DEDICAMOS O LIVRO AO DEUS TODO-PODEROSO QUE

NOS INSPIROU A

FAZER O TRABALHO E ESCREVER O LIVRO.

DEDICAMOS TAMBÉM O

LIVRO PARA FAMILIARES, ESTUDANTES, COLEGAS DE

TRABALHO E AMIGOS

QUE NOS AJUDARAM DURANTE O TRABALHO.

RECONHECIMENTO

Fazer um trabalho na área da ciência é difícil e fastidioso e não é possível concluí-lo sem a ajuda de muitas pessoas que estão direta ou indiretamente envolvidas no trabalho. De facto, é um trabalho de equipa. Embora não seja suficiente exprimir por palavras a nossa gratidão a todas as pessoas que nos ajudaram, gostaríamos, ainda assim, de agradecer muito, muito a todas estas pessoas.

Gostaríamos de expressar a nossa gratidão e agradecimento a Deus todo-poderoso que nos abençoou e encorajou a concluir este trabalho com uma experiência agradável.

Gostaríamos de exprimir os nossos agradecimentos à Professora Pratibha Goel, Honorável Vice-Chanceler da Dr. Rammanohar Lohia Avadh University, Ayodhya, Uttar Pradesh, Índia, pelo seu apoio durante o trabalho. Sem a sua orientação adequada e as suas bênçãos, não seria possível realizar o trabalho corretamente. Os agradecimentos são igualmente extensivos às autoridades do Departamento de Microbiologia e ao Professor Rajeeva Gaur (Departamento de Microbiologia) da Universidade Dr. Rammanohar Lohia Avadh, Ayodhya, Uttar Pradesh, Índia, pela disponibilização do espaço de trabalho e pela orientação adequada durante o trabalho. Ranjan Singh gostaria de agradecer ao Departamento de Ensino Superior do Governo de Uttar Pradesh, Lucknow, U.P., Índia, por ter concedido um projeto de investigação menor para a bioremediação de efluentes de destilaria.

Por último, gostaríamos de agradecer a todos aqueles cujos nomes não constam da lista.

Ranjan Singh

Ajad Patel

Prashant Singh

Conteúdo

Introdução

As frutas fazem parte do nosso consumo diário. Em todo o mundo, na tabela da dieta de todos, está sempre incluída como fruta inteira, sumo, bebida ou bebida sem gás, etc. A fruta contém antioxidantes, vitaminas e minerais que são essenciais para os seres humanos e desempenham um papel importante na prevenção de doenças cardíacas, cancro e diabetes. Nos últimos anos, a crescente consciencialização dos consumidores tem enfatizado a necessidade de **alimentos** química e microbiologicamente seguros (Aneja 2013). O principal objetivo da história era isolar e identificar bactérias de frutos frescos. Os produtos frescos, como a fruta, são a parte normal da dieta humana e são consumidos em grandes quantidades na maioria das civilizações. Os frutos frescos são componentes essenciais da dieta humana e existem provas consideráveis dos benefícios nutricionais e para a saúde associados ao consumo de frutos frescos (Ahmed et al. 1970). A lavagem incorrecta dos frutos e a extração destas bactérias conduzem à contaminação. Além disso, a utilização de água de conservação não higiénica sem refrigeração, ambientes não higiénicos, muitas vezes com enxames de moscas domésticas e moscas da fruta, e poeiras transportadas pelo ar podem também atuar como fonte de contaminação. Nos últimos anos, os surtos de infeção humana associados ao consumo de frutos frescos ou minimamente processados têm aumentado, apesar dos seus benefícios nutricionais e para a saúde. Os surtos de doenças humanas têm sido reconhecidos como sendo causados pelo consumo de frutos contaminados, tendo sido publicados estudos seguros que descrevem a contaminação bacteriana de frutos intactos em mercados abertos. A contaminação microbiana é normalmente exposta aos frutos e pelo contacto com sujidade, poeira e água e pelo manuseamento na colheita ou durante o processamento pós-colheita. Um dos principais factores que contribuem para a contaminação é a utilização de águas residuais não tratadas e de estrume como fertilizantes para a produção de frutos. Em Ayodhya, vários frutos são vendidos no mercado livre e a maior parte deles é consumida crua, o que constitui um meio adequado para a contaminação bacteriana. A utilização de águas residuais não tratadas e de estrume como fertilizantes para o cultivo de frutos contribui significativamente para a contaminação. Os frutos frescos podem albergar uma população grande e diversificada de bactérias. No entanto, a maior parte da investigação sobre frutos frescos tem-se centrado no seu isolamento e, consequentemente, o colesterol é um fator que nos leva a saber menos sobre a diversidade global e as caraterísticas moleculares dessas comunidades de bactérias.

Os legumes são uma parte vital de qualquer dieta saudável e refeição equilibrada devido ao seu elevado valor nutricional, que inclui vitaminas, minerais e fitonutrientes, bem como o seu apoio aos processos metabólicos do corpo (OMS 2003).

As frutas e os legumes frescos contêm uma grande quantidade de bactérias nas suas superfícies, nem todas causadoras de doenças. Os legumes desenvolvem-se de forma diferente consoante as várias épocas do ano que são ideais para as suas condições de crescimento. Várias fontes podem infetar os legumes. várias fontes, incluindo o solo, a água, os insectos e o ar, desde pássaros, animais e maquinaria utilizada na agricultura que os publicitam. Os legumes têm tipicamente 10^4 a 10^7 ou 10^3 a 10^5 microrganismos/cm^3 microrganismos/g. Alguns dos tipos de bactérias mais comuns incluem Corynebacterium, bactérias do ácido lático, Proteus, Micrococcus, Enterococcus, e formadores de esporos e pseudomonas.

Bactérias **Gram-positivas e Gram-negativas**

Uma vez que alteram as propriedades funcionais dos produtos alimentares e produzem novos sabores, aromas ou texturas, algumas bactérias benéficas podem ser essenciais. Bactérias, bolores, leveduras, algas, vírus, vermes parasitas, protozoários e outros micróbios podem ser encontrados nos alimentos. O tamanho, a forma, a bioquímica e as caraterísticas culturais destas espécies diferem. Os microrganismos listados abaixo são alguns dos géneros e espécies mais significativos que se encontram frequentemente nos produtos alimentares. Os requisitos alimentares e ambientais variam consoante o tipo de microrganismo.

1. *Acinetobacter species* :

O género Acinetobacter pertence à subclasse de bactérias Gram-negativas Gamma proteobacteria. A ampliação revela que as espécies de Acinetobacter são oxidase-negativas, não-móveis e tipicamente encontradas em pares. As morfologias das culturas jovens assemelham-se a bastonetes. Uma vez que são aeróbios fortes, não reduzem os nitratos. São importantes criaturas do solo e da água, e também se encontram numa variedade de alimentos, especialmente em produtos frescos que foram refrigerados. A pneumonia nosocomial resulta frequentemente da A. baumannii, especialmente quando a utilização de um ventilador está apenas a começar. Para além disso, pode causar meningite, bacteriemia, infecções cutâneas e feridas abertas.

2. *Espécies de Bacillus*:

Gram-positivo, aeróbico, longo, com forma de bastonete grosso e catalase positivo, o B. cereus é um ator chave nas doenças de origem alimentar. Também forma esporos. Habita normalmente no solo e não está próximo de uma variedade de fontes alimentares. A ingestão de alimentos cozinhados e à temperatura ambiente, tais como sobremesas, carne, jantares, produtos lácteos, arroz, massa, etc., resulta frequentemente em doença diarreica, uma vez que é termodúrico. Algumas estirpes de B. cereus são psicotrópicas, o que significa que crescem à temperatura do frigorífico.

3. *Espécies de Salmonella*:

As espécies de Salmonella contribuem de forma significativa para as doenças de origem alimentar nos seres humanos. A doença bacteriana de origem alimentar mais típica nos seres humanos é a salmonelose. As estirpes tifoide e paratifoide estão associadas à febre entérica, uma doença grave que afecta os seres humanos. Enterobacteriaceae Salmonella. A melhor temperatura de desenvolvimento é de 37 a 45 °C. O organismo também pode desenvolver-se nos alimentos a cerca de 7°C. Os hidratos de carbono são fermentados, o que resulta na produção de ácido e gás. As salmonelas utilizam exclusivamente citrato como fonte de carbono, são catalase-positivas, oxidase-negativas e produzem H_2 S. Embora certas estirpes de

Salmonella apresentem caraterísticas psicotrópicas, outras podem crescer a temperaturas tão elevadas como 54 °C. O intervalo de pH ótimo para o organismo situa-se entre 6,5 e 7,5, embora possa crescer num intervalo de 4,5 a 9,5 para expansão spp. são bactérias pequenas, gram-negativas, não formadoras de esporos, em forma de bastonete, anaeróbias facultativas. São membros da família.

4. *Espécies de Shigella:*

A shigelose, ou disenteria bacilar, é causada por espécies de Shigella. A Shigella pertence à família Enterobacteriaceae. O intervalo de temperatura de crescimento é de 10 a 48 °C. As refeições com pH baixo não são frequentemente favoráveis ao crescimento da Shigella. Para a Shigella, a radiação ionizante é perigosa. Ao contrário das Salmonellae, as espécies não são móveis, não crescem em ágar KCN, não crescem com citrato como fonte primária de carbono e apenas produzem ácido a partir de hidratos de carbono. A shigelose é uma doença perigosa que pode afetar tanto os países industrializados como os países em desenvolvimento. O consumo de alimentos poluídos provoca a doença.

5. *Espécies de Escherichia*:

Algumas estirpes de E. coli estão relacionadas com a gastroenterite de origem alimentar. Estes bastonetes de progenitores gram-negativos e fermentadores de lactose em ágar Endo produzem colónias escuras com um brilho metálico. O organismo cresce numa vasta gama de meios e numa variedade de dietas. Podem sobreviver numa variedade de condições de pH e temperatura (4 a 46 °C) (4,4 a 9,0). No entanto, crescem muito lentamente quando os alimentos são armazenados à temperatura do frigorífico (5°C). Pertencem à família Enterobacteriaceae. A bactéria actua também como um indicador de contaminação fecal. A bactéria pode também provocar um sabor estranho nas refeições e criar gás e ácido.

6. *Espécies de Clostridium:*

O Clostridium botulinum é a fonte da toxina conhecida com a maior letalidade. É uma bactéria Gram-positiva, anaeróbia, em forma de bastonete. Os endosporos ovais desenvolvem-se em culturas em fase estacionária. Existem sete tipos distintos de *C. botulinum*, cada um com uma neurotoxina única produzida com base na especificidade serológica da neurotoxina (A a G). Uma doença rara mas fatal, o botulismo. Uma neurotoxina produzida pela bactéria e consumida através dos alimentos tem o potencial de ser letal. Por outro lado, o calor pode rapidamente tornar o veneno inativo (uma proteína).

7. *Espécies de Erwinia:*

A maior parte das bactérias do género Erwinia são membros da subfamília Enterobacteriaceae, patogénica para as plantas. O primeiro fitobacteriologista, Erwin Smith, foi o nome do organismo. Trata-se de uma bactéria Gram-negativa com ligações a *Yersinia, Shigella, Salmonella* e E. coli. É, na sua essência, uma bactéria em forma de bastonete. Uma espécie bem conhecida deste género é a *E. amylovora*, que causa o míldio da maçã, da pera e de outras culturas de rosáceas. Numerosas doenças das plantas são provocadas por outra espécie, *Erwinia carotovora* (também chamada *Pectobacterium carotovorum*). As enzimas pectolíticas destas espécies hidrolisam a pectina que liga as células individuais das plantas. A podridão mole bacteriana é um termo comum utilizado para descrever a degradação causada pela *E. carotovora* (BSR).

8. *Espécies de Pedi coccus:*

O grupo de bactérias Pedi cocci é comercialmente importante para as indústrias alimentar e cervejeira. A fermentação de frutas, legumes, carnes, produtos de salsicharia, leites fermentados e a aromatização de Cheddar e de outras variedades de queijo estreitamente relacionadas têm utilizado espécies e estirpes de Pedi cocci como culturas de arranque. Algumas estirpes tornam a cerveja rugosa e pegajosa através da produção de material capsular.

Objectivos

O principal objetivo deste estudo foi isolar e caraterizar bactérias de frutos e legumes frescos do mercado local do distrito de Ayodhya, em Uttar Pradesh.

- Isolamento de bactérias de frutos selecionados e de legumes verdes comuns perto do mercado de Ayodhya.

- Especificar a enumeração, identificação morfológica de bactérias isoladas de frutos e vegetais verdes comuns com a ajuda de um microscópio de luz.

Revisão da literatura

Uma parte estrutural de uma planta é um fruto que contém sementes, normalmente carnudo, doce e comestível em bruto, que inclui: maçã, banana, manga, uvas, laranja, etc. São ovários direitos ou carpelos que contêm sementes (Anon n.d.). De composição semelhante à dos frutos, contêm vários compostos fitoquímicos e uma elevada percentagem de água, em média 85%, estando também presentes em pequenas quantidades gordura e hidratos de carbono (celulose e amido) (Ihekoronye e Ngoddy 1985). A maior parte das frutas são consumidas como sobremesa e podem ser transformadas em produtos líquidos que incluem sumos de fruta, vinhos e outros produtos como marmelada, compotas, geleias, etc. Os produtos de fruta são comercializados enlatados, engarrafados e embalados em embalagens tetra-packets.

Benefícios **para a saúde**

As maçãs são ricas em fibras, vitaminas e minerais, todos eles benéficos para a saúde. Também fornecem uma série de antioxidantes. Estas substâncias ajudam a neutralizar os radicais livres. As maçãs são um fruto popular que contém antioxidantes, vitaminas, fibras alimentares e uma série de outros nutrientes. Devido ao seu conteúdo variado de nutrientes, podem ajudar a prevenir vários problemas de saúde. A polpa de banana tem sido relatada como tendo um elevado potencial anti-oxidante anti-tumoral. O consumo de bananas é vantajoso para os músculos do corpo devido ao seu elevado teor de K. A banana é geralmente sugerida para pacientes que sofrem de anemia devido ao seu elevado teor de Fe. As vitaminas C, A, B1 B2 e B6, bem como minerais como o magnésio, o fósforo, o cálcio e o ferro também podem ser encontrados nas bananas. A banana é conhecida por scr rica não só cm hidratos dc carbono, fibras alimentares, certas vitaminas e minerais, mas também por ser rica em muitos benefícios para a saúde. A manga também contém uma grande quantidade de triptofano, o precursor da serotonina. A manga é uma excelente fonte de fibras e de compostos bioactivos, como os carotenóides provitamina A e a vitamina C. As mangas são uma boa fonte de vitaminas e minerais. As mangas são perfeitas para repor sais, vitaminas e energia após o exercício físico. No cancro da vesícula biliar, foi comprovado um efeito protetor do consumo de mangas.

A laranja é rica em vitamina C, ácido fólico e potássio, que são uma excelente fonte de fitoquímicos antioxidantes biodisponíveis (Franke et al. 2004) e, em pessoas afectadas por hipercolesterolemia, melhora significativamente o perfil lipídico do sangue (Kurowska et al. 2000).As laranjas contêm uma série de outros compostos vegetais e antioxidantes que podem reduzir a inflamação e atuar contra a doença. Como uma excelente fonte de vitamina C antioxidante, as laranjas podem ajudar a combater a formação de radicais livres que causam cancro. Manter a ingestão permitida de sódio é essencial para baixar a pressão arterial. No entanto, aumentar a ingestão de potássio pode ser igualmente importante para reduzir o risco de hipertensão arterial. Uma vez que pode ajudar a apoiar o relaxamento e a abertura dos vasos sanguíneos.

O consumo de frutos frescos tem aumentado substancialmente ao longo das décadas. Este facto deve-se principalmente à crescente sensibilização dos consumidores para os benefícios dos frutos frescos para a saúde, bem como à sua disponibilidade ao longo de todo o ano. O aumento do consumo de frutos frescos pode ser atribuído aos benefícios para a saúde que lhes estão associados.

A diretriz recomendada para um adulto é de, pelo menos, duas porções de fruta por dia (Anon 2020) Muitos estudos relataram os efeitos benéficos que os frutos frescos têm na saúde humana. Por exemplo, o risco de desenvolver cancro foi reduzido em 19% com um maior consumo de fruta (Van't Veer et al. 2000).

O consumo de frutas frescas em todo o mundo é um aspeto indispensável da alimentação. Ao longo dos anos, à medida que o país se urbanizou, os hábitos alimentares tornaram-se mais diversificados e os padrões de consumo de alimentos mudaram de alimentos para a fome para alimentos para a saúde e o bem-estar. A mudança no padrão de consumo tem sido evidente tanto nas famílias rurais como nas urbanas. O aumento da urbanização é outro fator importante que contribui para a mudança nos padrões de consumo. A Índia é o segundo maior produtor de frutas do mundo, com uma produção anual de cerca de 94 milhões de toneladas (Gouri Sundaran 2006). Devido às suas condições climáticas variadas, a Índia é um dos poucos países que produz quase todos os frutos tropicais e exóticos. Este facto levou a uma crescente popularidade de frutos minimamente processados, saladas de frutos preparadas, sementes germinadas, etc. Singh et al. 1992 elucidaram, com base nos resultados do Indian Experiment of Infarct Survival (IEIS), que uma dieta saudável com baixo teor de gordura e rica em frutos conduziu a uma redução significativa de 40% dos problemas cardíacos e de 45% da mortalidade ao fim de um ano, em comparação com uma dieta normal com baixo teor de gordura. O estudo acima referido é um dos muitos estudos que salientam a importância da fruta na alimentação. Os frutos transportam normalmente uma grande quantidade de microflora epifítica não patogénica que constitui a diversidade microbiana natural, a qual é altamente dinâmica e apresenta variações consideráveis de tempo a tempo e de local para local. No entanto, vários microrganismos podem colonizar transitoriamente ou durante um período de tempo considerável após a sua entrada através de vectores, operações de pré-colheita e manuseamento. Os relatórios mostraram que os frutos frescos.

Tem havido um grande número de relatórios bem documentados sobre a incidência de surtos de origem alimentar em todo o mundo. O relatório da ACDC documentou que o número de quebras por ano associadas a produtos frescos quase duplicou numa década, de 1973 a 1 9 8 8 (O l s e n   e t   a l .   2 0 0 0). No entanto, a incidência de agentes patogénicos de origem alimentar ou de frutos na Índia e a sua contribuição para os surtos de origem alimentar não estão bem documentados, embora surjam de tempos a tempos relatos de surtos de doenças de origem alimentar. Relatórios recentes sugerem que os surtos de origem alimentar, incluindo a doença diarreica aguda, constituem quase metade do total de surtos notificados nos dados do Programa Integrado de Vigilância das Doenças (IDSP) de 2011-2016 (Bisht et al. 2021). No entanto, estas bases de dados são exaustivas e não são representativas do cenário nacional. No que diz respeito à distribuição de bactérias patogénicas nos frutos e aos surtos de doenças relacionados com o seu consumo, os dados são muito limitados. Mais frequentemente, as bactérias gram-negativas são os micróbios que podem sobreviver ao passo de lavagem e higienização (Seo et al. 2010). A população bacteriana que afecta os alimentos, E. coli e Salmonella app. são os microrganismos mais proeminentes que conduzem a doenças e surtos de origem alimentar nos EUA entre 1973 e 1997. Foi observado que a ocorrência de um agente patogénico específico. Combinação de produtos em surtos de doenças alimentares, como a E. coli 0157: H7. Observou-se que a E. coli 0157:H7 e a Salmonella são capazes de sobreviver durante mais tempo na salsa durante 177 e 231 dias, respetivamente (Islam et al. 2004). Rosset et al. 2004relataram que o abuso de temperatura durante a distribuição de alimentos pode ser um dos factores que contribuem para o desenvolvimento de doenças de origem alimentar. O processo pós-colheita, como o armazenamento, o enxaguamento, o corte e as possíveis fontes de contaminação(Wachtel e Charkowski 2002).

Com um maior número de surtos de origem alimentar associados a frutos frescos a nível mundial, estão a ser envidados esforços intensivos para gerir os problemas e melhorar a segurança alimentar (Denis et al. 2016). Existem várias estratégias, que são cientificamente desenvolvidas e aplicadas no terreno para a gestão de bactérias patogénicas em frutos frescos. Diferentes agentes químicos, como o cloro, o peróxido de hidrogénio, etc., têm sido utilizados como higienizadores para descontaminar superfícies de produtos frescos (Park et al. 2001) o ozono, as radiações e os compostos de amónio quaternário são, entre outros, utilizados no tratamento de frutos frescos. Mas a atividade dos desinfectantes e higienizadores utilizados depende de vários factores, tais como os estados psicológicos das células microbianas, os estados ambientais e a topografia da superfície dos frutos frescos. A gestão de agentes patogénicos formadores de biofilme é mais difícil, uma vez que estes são resistentes e não respondem a muitas destas estratégias. No caso dos frutos frescos, que são frequentemente consumidos diretamente, existem limitações à utilização de produtos químicos agressivos e de produtos químicos que podem deixar resíduos tóxicos. Existe também uma grande necessidade de estratégias simples, mais eficazes e aplicáveis na prática para a gestão de bactérias patogénicas que contaminam os frutos frescos, especialmente os agentes patogénicos com capacidade de formação de biofilme.

Os surtos de infecções humanas associadas ao consumo de fruta fresca ou minimamente processada têm aumentado apesar dos seus benefícios nutricionais e para a saúde. Os surtos de doenças humanas têm sido reconhecidos como sendo causados pelo consumo de frutos contaminados, tendo sido publicados estudos que descrevem a contaminação bacteriana de frutos intactos em mercados abertos. A contaminação microbiana é normalmente exposta aos frutos através do contacto com a sujidade, o pó e a água e através do manuseamento na colheita ou durante o processamento pós-colheita. Por conseguinte, está presente uma série de microrganismos, incluindo agentes patogénicos para as plantas e para o homem.

Num outro estudo, verificou-se que a contaminação bacteriana dos frutos estava correlacionada com o facto de estes serem normalmente consumidos sem tratamento térmico. Um dos principais factores que contribuem para a contaminação é a utilização de águas residuais não tratadas e de estrume como fertilizante para a produção de frutos. No Bangladesh, vários frutos são vendidos no mercado livre e a maior parte deles é consumida, o que constitui um meio adequado para a contaminação bacteriana. Em países em desenvolvimento como o Bangladesh, onde a pobreza e a falta de saneamento são comuns, é provável que ocorra contaminação fecal de alimentos domésticos e comerciais, e a doença tem sido atribuída à injeção de alimentos infectados com fezes em múltiplos surtos. A injeção de frutos frescos infectados tem sido relacionada com muitos surtos de gastro-enterite humana.

A utilização de águas residuais não tratadas e de estrume como fertilizante contribui significativamente para a contaminação. Os frutos frescos podem albergar uma população grande e diversificada de bactérias. No entanto, a maior parte da investigação sobre frutos frescos centrou-se no seu isolamento e, consequentemente, sabemos menos sobre a diversidade global e as caraterísticas moleculares dessas comunidades bacterianas. Abordámos estas lacunas de conhecimento isolando bactérias de diferentes frutos e avaliando as suas caraterísticas moleculares através da abordagem de sequenciação do rRNA 16S. O presente estudo foi realizado para isolar e enumerar bactérias patogénicas de frutos frescos que são muito populares na região de Chittagong, no Bangladesh. Os frutos são normalmente consumidos crus e muitas vezes sem tratamento térmico ou por lavagem. Por isso, servem de vectores para a transmissão de microrganismos patogénicos associados a doenças humanas.

Este estudo teve como objetivo isolar e identificar as bactérias patogénicas de frutos frescos populares selecionados, conhecidos como alimentos de rua. Foi recolhido um número total de quatro frutos frescos (maçã, banana, manga e laranja) no mercado de Ayodhya, em condições adequadas. Foram utilizados meios selectivos e não selectivos para isolar e enumerar as bactérias. Todas as espécies foram identificadas com base na morfologia e nos meios de cultura selectivos e diferenciais. Todos os frutos frescos estavam fortemente contaminados com coliformes e coliformes fecais (>1000 CFU/100ml). Estes resultados indicaram uma séria preocupação para a população de Ayodhya, uma vez que podem constituir um grande risco para a saúde humana. Assim, estes resultados sugerem a necessidade de sensibilizar para as práticas de higiene na venda e compra de fruta fresca.

Em todo o mundo, a alimentação das pessoas deve incluir frutas e legumes frescos. Uma vez que são frequentemente consumidos crus, sem lavagem suficiente ou tratamento térmico, actuam como vectores de propagação de microrganismos perigosos ligados a doenças humanas (Biswas et al. n.d.). As frutas e os legumes são um grupo alimentar vital que tem sido associado à manutenção da saúde geral e a uma menor prevalência de várias doenças crónicas devido ao seu elevado teor energético e à abundância em minerais, vitaminas, fibras e compostos fenólicos (Prasanna, Prabha, e Tharanathan 2007). Devido ao conteúdo nutricional e aos benefícios para a saúde dos vegetais, houve um crescimento na demanda por vegetais de folhas frescas (FL) e outros produtos prontos para o consumo (RTE) nos últimos 10 anos (Losio et al. 2015). Os legumes são frequentemente vendidos sem tratamento, sujos e não embalados, enquanto os legumes RTE são produtos embalados e ligeiramente processados destinados a serem consumidos sem preparação adicional (Losio et al. 2015).

Também podem ter uma variedade de bolores, como Alternaria, na sua superfície, Aspergillus e Fusarium estão a proliferar. Os agentes patogénicos entéricos podem infetar os legumes. se a água contaminada e os excrementos de animais ou humanos forem utilizados para irrigação e fertilizantes, o que pode resultar em doenças que afectam as pessoas (Soriano et al. 2001). Os agentes patogénicos mais importantes que têm sido associados a doenças de origem alimentar relacionadas com vários produtos hortícolas incluem *Listeria monocytogenes*, *Salmonella spp.*, *Shigella spp.* (Harris et al. 2003; Rapeanu, Parfene, e Bahrim 2008; Soriano et al. 2001). Vários factores que podem contribuir para as diferenças observadas são a localização das explorações agrícolas, a temperatura ou o tempo de armazenamento e as condições de transporte. As bactérias de superfície nos produtos podem afetar a taxa de deterioração dos alimentos e podem ser a fonte de micróbios típicos nas superfícies da cozinha.

Os legumes, que têm sido vistos como uma ferramenta para levar uma vida mais saudável, também têm sido frequentemente associados a surtos de doenças de origem alimentar (Callejón et al. 2015). De acordo com os estudos disponíveis, o número de doenças de origem alimentar causadas por produtos contaminados aumentou recentemente. De 1996 a 2010, nos Estados Unidos, os surtos de todas as doenças de origem alimentar representaram 23% dos casos (Alegbeleye, Singleton, e Sant'Ana 2018). Na Europa, entre 2007 e 2011, os produtos alimentares estiveram associados a 10% dos surtos, 35% das hospitalizações e 46% das mortes (Critzer e Doyle 2010; Machado-Moreira et al. 2019). A maioria destes surtos tem sido associada a produtos hortícolas, em especial verduras de folha (Herman, Hall e Gould 2015). Como parte do procedimento padrão para avaliar a contaminação microbiológica de vegetais, verificar os níveis de bactérias aeróbias mesófilas totais e bactérias Gram-negativas da família Enterobacteriaceae, prestando especial atenção às bactérias coliformes fecais como indicadores gerais de poluição. A E. coli, as Enterobacteriaceae e os coliformes são indicadores frequentemente utilizados para avaliar a qualidade dos produtos hortícolas frescos e as condições de higiene presentes nos seus contextos de produção e manipulação (Szczech et al. 2018).

Os legumes e as frutas são universalmente reconhecidos como elementos cruciais de uma dieta saudável, pelo que muitos países, incluindo o Canadá, lançaram iniciativas para persuadir as pessoas a consumi-los em maior quantidade. O comércio mundial tem sido afetado pelo desejo dos consumidores de diversidade e disponibilidade destes produtos durante todo o ano, em especial em países como o Canadá, onde a época de cultivo é curta e grande parte dos frutos e legumes frescos são fornecidos. Desde meados da década de 1990, tem havido um aumento dos surtos de doenças de origem alimentar associadas à fruta fresca a nível internacional, e estão a ser tomadas medidas para enfrentar estes desafios de segurança alimentar (Berger et al. 2010; Lynch, Tauxe, e Hedberg 2009; Sivapalasingam et al. 2004). Sendo uma fonte importante de nutrientes, vitaminas e fibras, os produtos hortícolas são reconhecidos como partes cruciais de uma dieta saudável e equilibrada. A fim de impedir a propagação de muitas das doenças da civilização, as agências oficiais de saúde em muitas nações recomendam a ingestão de certos alimentos, especialmente quando são frescos. Nas últimas décadas, o consumo de alimentos frescos aumentou drasticamente em 30% (Stea et al. 2020).

As comunidades bacterianas podem ser abundantes e diversificadas nos frutos e legumes frescos. No entanto, a maioria da investigação sobre frutas e legumes frescos concentrou-se apenas nestes, pelo que sabemos muito menos sobre toda a diversidade e propriedades das moléculas das bactérias (Leff e Fierer 2013). Os vegetais frescos são vistos como um componente crucial de uma dieta equilibrada. Estes vegetais folhosos são frequentemente consumidos crus ou apenas minimamente cozinhados para manter o sabor; no entanto, esta abordagem pode aumentar o risco de contrair doenças de origem alimentar (Erdoğrul e Şener 2005). Durante a colheita, as bactérias patogénicas podem contaminar os vegetais através de esgotos, água de irrigação não tratada, águas superficiais ou fezes (Peter Feng (ret.) 2020). Outra causa de contaminação é a água contaminada utilizada para enxaguar os vegetais e borrifá-los com água para os manter frescos (Froder et al. 2007).

Nos últimos anos, as epidemias de doenças humanas têm sido associadas ao consumo de fruta fresca ou pouco processada, apesar do seu valor nutricional e das vantagens para a saúde dos vegetais (Beuchat 2002; Hedberg, Mac Donald, e Osterholm 1994). surtos de doenças humanas foram identificados como sendo provocados por produtos contaminados e Vários estudos foram publicados sobre o consumo de frutas. descrevendo como os vegetais não danificados são contaminados por bactérias e produtos em mercados públicos (Garg, Churey, e Splittstoesser 1990). Os legumes crus são uma fonte de muitas bactérias patogénicas potencialmente contagiosas que podem aparecer como pequenas colónias nos tecidos das plantas (Beuchat 2002). A variação de pode ser afetada por uma série de factores diferentes. O microbioma dos vegetais, que contém microrganismos típicos do solo, vida vegetal derivada de resíduos animais, irrigação ou água de esgotos, transporte e manuseamento negligente no retalho. Muitas vezes, as pessoas estão expostas à contaminação microbiana do manuseamento de frutas e legumes durante a colheita ou durante o processamento pós-colheita, bem como à exposição à água, sujidade e poeira (Carmo et al. 2005; Nguyen e Carlin 1994). Como resultado, uma grande variedade de microorganismos, incluindo doenças para plantas e pessoas, estão prescntcs.

A maior parte dos surtos na região de Chittagong não foram notificados devido à falta de vigilância e ao rastreio insuficiente destes vegetais crus, e existe atualmente muito pouca informação disponível na literatura (Nigad Nipa et al. 2011). O consumo de vegetais frescos tem sido associado a um aumento do número de incidentes de doenças de origem alimentar que têm sido documentados nos últimos anos. Para além de todas as fronteiras geográficas, políticas e culturais, as doenças de origem alimentar existem. A prevalência de doenças de origem alimentar continua a afetar negativamente a saúde e a produtividade da população em todo o mundo, especialmente nos países menos industrializados (Christine A Northrop-Clewes e Christopher Shaw 2000).

Normalmente, as pessoas comem malagueta verde e couve. ingredientes de salada não cozinhados na Índia e em muitos outros países do globo. Os vegetais são fontes económicas de vitaminas essenciais, aminoácidos essenciais e ácidos proteicos (Liu 2013). Um exemplo de uma parte integrante da comida do Bangladesh, da Índia, da Tailândia e do México. Em praticamente todos os tipos de cozinha, é empregue. especiarias, bem como alimentos salgados. Reduzido em malagueta verde, mas abundante em fibras, vitaminas e minerais. O calor e o picante da malagueta verde são provocados pela substância química capsaicina. Por outro lado, é um dos legumes de inverno mais consumidos no Bangladesh. É amplamente cultivada nas zonas temperadas tropicais e subtropicais do mundo, sendo produzida uma melhoria. De acordo com (Suraya e Azuhairi 2010)os agentes patogénicos encontrados em alimentos contaminados podem transportar genes de virulência, toxinas e enzimas que contribuem para a doença. Durante o processamento e a distribuição, é possível ferir vegetais crus, libertando componentes vegetais que podem servir como potenciais substratos orgânicos e inorgânicos para micróbios (Soriano et al. 2001; Zhao et al. 1997).

Normalmente, os produtos hortícolas, tanto FL como RTE, são consumidos crus. Consequentemente, podem manter uma ecologia microbiana complexa e são reconhecidos como uma possível fonte de infecções bacterianas que conduziram a epidemias em todo o mundo (Denis et al. 2016). Nos últimos anos, as principais preocupações e áreas de atenção de muitos cientistas passaram a incluir a qualidade dos alimentos. Além disso, há um aumento do interesse em questões globais de segurança alimentar, que continuarão a ser um grande desafio à escala global (Ntuli et al. 2017). Os principais factores que contribuem para a morbilidade são os alimentos e a água contaminados, que continuam a ser perigos frequentes para a saúde pública. Nos últimos dez anos, o número de doenças humanas provocadas pelo consumo de vegetais crus aumentou a um ritmo alarmante (Blackburn e Peter J. McClure 2002).

Para além do seu valor nutricional, os produtos frescos possuem uma variedade de microbiomas que podem passar do estômago para o intestino e desenvolver ligações únicas com o hospedeiro, tendo uma variedade de efeitos na saúde humana (Berg et al. 2014). Recentemente, foram descobertas ligações intrigantes entre a microbiota intestinal e a obesidade, a má nutrição, o cancro, a auto-motivação e a tomada de decisões, e a manutenção do equilíbrio microbiano é crucial para manter uma boa saúde (Lozupone et al. 2012). Desde o momento da produção até ao momento do consumo, as frutas e os legumes podem ser contaminados por bactérias patogénicas ou apodrecer (Beuchat 2002; Hassan et al. 2011). Embora a maior parte da sua microflora seja constituída por bactérias de deterioração e leveduras, as frutas e os legumes podem incluir fungos e bolores perigosos, microrganismos como *Escherichia coli, Bacillus cereus* e *Salmonella sps.* (Beuchat 2002).

Devido ao consumo de saladas vegetais prontas a consumir contaminadas, é provável que ocorram epidemias de origem alimentar em todo o lado (Pönkä et al. 1999; Tauxe et al. 1997). De acordo com as estimativas, registam-se anualmente 2,8 milhões de casos de cólera em todo o mundo, com 91 000 mortes (Ali et al. 2012). Utilizando os princípios da Análise de Perigos e Pontos Críticos de Controlo (HACCP), é crucial identificar os pontos críticos de controlo para minimizar a contaminação para níveis seguros (Gramza-Michałowska e Korczak 2008). Numerosas doenças de origem alimentar provocadas por agentes patogénicos bacterianos como *Salmonella, Campylobacter, E. coli, Listeria, S. aureus, Klebsiella* e Pseudomonas têm vindo a aumentar constantemente. Estes agentes patogénicos entram em contacto com os alimentos durante a colheita ou o abate, a transformação, o armazenamento e a embalagem. Os problemas ambientais levaram à evolução das doenças bacterianas de origem alimentar e ao aumento do risco de doença na população em geral (Sillankorva et al. 2012). Como resultado da ingestão de alimentos contaminados por microrganismos, as doenças de origem alimentar manifestam-se tipicamente como uma gastroenterite aguda, ligeira e autolimitada, com sintomas como náuseas, vómitos e diarreia. No entanto, as infecções de origem alimentar podem também levar a uma série de doenças crónicas que afectam os sistemas imunitário, respiratório, cardiovascular e músculo-esquelético (Tan, Chan, e Lee L-H 2014).

Foi efectuada uma investigação para avaliar o padrão microbiológico dos produtos hortícolas frescos e biológicos cultivados na Zâmbia. Os produtos hortícolas biológicos mistos e o feijão verde, produzidos na Zâmbia e cortados de fresco, foram examinados para a contagem de placas aeróbias, coliformes, *Enterobacteriaceae*, *Escherichia coli*, *Bacillus cereus*, *Clostridium perfringens*, *Listeria monocytogenes*, *Salmonella spp*. Para a maioria dos parâmetros, o estudo utilizou 160 amostras. Os produtos foram produzidos em explorações agrícolas destinadas maioritariamente à exportação. Antes da amostragem, os produtos hortícolas foram tratados/lavados na unidade de transformação com uma solução de cloro de 150 ml.

A contagem de placas aeróbias variou de 3log10 a 9,7log10CFU/g, tendo o feijão verde registado o nível mais elevado. As amostras de legumes foram as que se enquadraram na maior categoria (26,1%), entre 3 e 4log10CFU/g. As contagens de coliformes variaram de 1,0log10 a 1,0. 7,7log10CFU/g. Para níveis de coliformes totais entre 3log10 e 4log10CFU/g, o nível de ocorrência mais elevado foi de 31,4%. Quando comparada com as contagens de Enterobacteriaceae, que variaram entre 1,6 log10 e 9,8log10CFU/g, com as contagens mais elevadas registadas no feijão verde, a E. coli só foi detectada em produtos hortícolas mistos na gama de 0,6 log10 a 3log10CFU/g. Para contagens no mesmo intervalo que as contagens de placas aeróbias, o nível de incidência mais elevado foi de 25,8%. Com um intervalo global entre 1,5 log10 e 5,6log10CFU/g, as contagens de leveduras e bolores revelaram o nível máximo de incidência entre 5log10 e 6log10CFU/g. Salmonella spp., L. monocytogenes e S. aureus foram encontrados em 20%, 23,1% e 83,9% das amostras, respetivamente. Em nenhuma das amostras analisadas foram detectados C. perfringens ou B. cereus.

Al-Kharousi et al. 2016 Examinou as comunidades microbianas de produtos frescos em 105 amostras de frutas e vegetais importados, incluindo amostras locais de Omã, para determinar a contagem de placas aeróbias e os números de Enterobacteriaceae, Enterococcus e Staphylococcus aureus. Através de técnicas moleculares (PCR) e bioquímicas, as bactérias isoladas foram identificadas (VITEK 2). Em 91% dos legumes e 60% dos frutos, as Enterobacteriaceae estavam presentes. 20% dos frutos e 42% dos legumes continham isolados de Enterococcus. Em 22% e 7% dos legumes, respetivamente, foram recuperados E. coli e S. aureus. Utilizando VITEK 2 e PCR, foram identificadas com sucesso 97 bactérias de 21 espécies diferentes. As espécies mais prevalentes foram reconhecidas como E. coli, Klebsiella pneumonia, Enterococcus casseliflavus e Enterobacter cloacae como agentes patogénicos oportunistas que poderiam causar preocupação sobre como melhorar a qualidade microbiológica dos produtos frescos. O agrupamento dos isolados com base no gene 16S rRNA não correspondeu às nações de origem dos alimentos frescos, de acordo com as árvores filogenéticas. É possível que doenças oportunistas atravessem as fronteiras e infectem culturas frescas, o que exige um melhor controlo.

Vários agentes patogénicos bacterianos, como as espécies Shigella, Salmonella, Listeria monocytogenes, E. coli O157:H7 e Campylobacter, podem contaminar os produtos hortícolas em qualquer ponto, desde o campo até ao ponto de consumo. Não é surpreendente que as infecções entéricas possam contaminar os produtos agrícolas e levar a surtos de doença após o consumo, dada a utilização generalizada de fezes animais e humanas na atividade agrícola. Listeria monocytogenes pode ser encontrada em legumes apodrecidos, enquanto esporos de Clostridium perfringens, Clostridium botulinum, e Bacillus cereus isolados de solo livre de contaminação fecal (Leclercq et al. 2002). O exame microbiológico dos produtos hortícolas baseia-se principalmente na identificação da presença de organismos indicadores. Os produtos hortícolas contêm uma quantidade significativa de organismos indicadores, embora nem todos possam ser perigosos. A sua descoberta mostra que o homem pode ter contaminado os legumes e que podem estar presentes organismos potencialmente nocivos. Por conseguinte, a técnica tradicional para estimar a qualidade sanitária dos alimentos baseia-se na procura de bactérias nocivas e indicadoras. Omowaye e Audu 2012 Estudaram que na análise de amostras de vegetais, foi observada a contaminação com muitas espécies de parasitas. 15,8% de todas as amostras continham parasitas de duas espécies diferentes, enquanto 9,2% de todas as amostras continham parasitas de três espécies diferentes. A presença de muitos parasitas em cada amostra neste estudo indica o potencial de contaminação dos vegetais com múltiplas fezes, o que poderia resultar em múltiplas doenças parasitárias nas pessoas. Também pode ser um sinal de que a infeção local por parasitas intestinais ainda está presente. A manipulação e o consumo de legumes contaminados representam um perigo significativo para a saúde devido à presença de estádios infecciosos de parasitas.

Weldezgina e Muleta 2016 Determinaram a carga bacteriológica e a segurança de vários legumes frescos na cidade de Jimma, no sudoeste da Etiópia, que são irrigados pelo rio Awetu. Seguindo protocolos estabelecidos, foram recolhidas amostras de água e vegetais de três locais de irrigação distintos e os seus poluentes bacteriológicos foram examinados. As médias gerais mais elevadas de estafilococos, Enterobacteriaceae, formadores de esporos aeróbicos, bactérias mesófilas aeróbicas e contagens totais e fecais de coliformes foram, respetivamente, 10,36 e 716 NMP 100 mL-1 e 8,06, 7,10, 6,54 e 2,97 log UFC g1. As amostras de microflora vegetal eram predominantemente compostas por espécies de Bacillus (32,7%), Entcrobactcriaccac (25%) c Micrococcus (16%). Salmonella spp. e Staphylococcus aureus foram encontrados em 24,0 e 20,7% das amostras, respetivamente. A ampicilina, a cefuroxima sódica e a penicilina G foram ineficazes contra todos os isolados de Staphylococcus aureus (100,0% cada). Todos os isolados de Staphylococcus aureus apresentavam resistência à ampicilina, à cefuroxima sódica e à penicilina G (100,0% cada).

Além disso, todos os isolados de Salmonella eram resistentes à eritromicina, cefuroxima sódica, tetraciclina e penicilina G (100,0% cada).

(Swagato et al. 2015) Examinou a prevalência e a qualidade dos micróbios Foram descobertas bactérias nocivas em pimentos verdes e couves de várias lojas da cidade de Daca. Foram incluídos 10 pimentos verdes (Capsicum annuum) e 10 couves (Brassica oleracea) num total de 20 amostras recolhidas aleatoriamente em 20 locais de amostragem no centro de Daca. O coliforme total e o Staphylococcus aureus total foram contados entre as bactérias heterotróficas de cada amostra, utilizando o método de diluição e de espalhamento em placa. As gamas de contagens de bactérias heterotróficas totais (log10cfu/g) foram de 8,30-11,43 e 10,27-11,83 nas amostras de couve e malagueta, respetivamente. O intervalo das contagens totais de coliformes (log10cfu/g) foi de 5,30 a 8,39 e de 6,38 a 8,57 nas amostras de couve e malagueta, respetivamente. O grau de contaminação por Staphylococcus aureus foi inferior ao dos coliformes e apresentou contagens (log10cfu/g). Relativamente à couve e à malagueta, os intervalos são de 4,25 a 7,91 e de 5,61 a 7,77, respetivamente. Seguindo a técnica adequada de cultura de enriquecimento, foi detectada a presença de espécies de Salmonella, Shigella e Vibrio. Mais de 40% das amostras de ambas as categorias estavam infectadas com um ou mais agentes patogénicos (Salmonella spp., Vibrio cholerae ou V. parahaemolyticus). Conclusão: Se consumidos crus ou com preparação insuficiente, os pimentos verdes e as couves constituem um perigo importante para a saúde pública devido aos elevados níveis de contaminação bacteriana.

Biswas et al. 2015 Isolaram e identificaram as bactérias patogénicas de uma variedade de produtos frescos amplamente consumidos, também conhecidos como comida de rua. Sete frutas e legumes frescos em condições assépticas foram adquiridos em vários mercados abertos em Chittagong. As bactérias foram isoladas e contadas utilizando meios selectivos e não selectivos. A morfologia, os testes bioquímicos (IMViC) e os meios de cultura selectivos e diferenciais foram utilizados para identificar cada espécie. Vibrio spp., Lactobacillus spp. e

Pseudomonas spp. foram encontrados nas amostras e a Salmonella spp. assumiu a liderança. Os frutos e legumes frescos estavam todos altamente infectados com coliformes e coliformes fecais (> 1100 UFC/100 ml). A contagem microbiana das goiabas variou de 2,1 a 104 UFC/ml, a das maçãs de 4,3 a 104 UFC/ml, a dos tomates de 8,2 a 104 UFC/ml, a dos pepinos de 5,0 a 104 UFC/ml, a das cenouras de 1,3 a 104 UFC/ml e a das ameixas de porco (Amra) de 7,5 a 104 UFC/ml. Estes resultados mostraram que a área em redor de Chittagong deve ser objeto de sérias preocupações, uma vez que pode existir um risco significativo para a saúde humana. Isto sugere a necessidade de aumentar o conhecimento das normas de higiene na venda e compra de frutos e produtos hortícolas frescos.

Tambekar e Mundhada 2006 Referiram que a contaminação bacteriana dos legumes para salada era causada pelo facto de estes serem normalmente consumidos crus. Os micróbios patogénicos podem contaminar estes vegetais durante a colheita através do manuseamento humano, equipamento de colheita, contentores de transporte, animais selvagens e domésticos, entre outros. No momento da ingestão, podem ser descobertos agentes patogénicos provenientes de reservatórios humanos e animais, bem como outros agentes patogénicos ambientais, e também bactérias patogénicas, parasitas e vírus que podem infetar os seres humanos coexistem ocasionalmente com as bactérias apodrecidas, leveduras e bolores que predominam na microflora dos frutos e legumes frescos.

Hemalata e Virupakshaiah 2016 Para realizar os estudos, foram selecionados frutos podres, legumes, produtos lácteos, produtos de padaria, produtos avícolas e arroz estragado do mercado local na área de Bagalkot de Karnataka, Índia. As amostras recolhidas foram avaliadas em meios específicos, como o ágar-sal Manitol, o ágar MacConkey e o ágar-cetrimida. Foram utilizadas caraterísticas morfológicas e genotípicas para verificar as amostras. Os isolados bacterianos patogénicos, como *Pseudomonas spp.* (23,66%), *Staphylococcus aureus* (22,76%), *Salmonella spp.* (21,87%), *E. coli* (22,32%) e *Klebsiella spp.* (8%%), prevaleceram em concentrações elevadas. O número de isolados multirresistentes (MDR) foi significativo, e o padrão de resistência mais comum envolveu as quatro famílias de antibióticos: cefalosporinas, fluoroquinolonas, beta-lactâmicos e aminoglicosídeos. Kemajou et al., (2017). Analisaram que a bactéria contém isolados de folhas de água teve a maior frequência de amostras infectadas entre os tipos de folhas de vegetais analisados (16,0%), seguido por folhas de abóbora (15,0%), enquanto as folhas amargas tiveram a menor incidência (de longe) (13,3%). Escherichia coli (29,3%), Staphylococcus aureus (22,9%), Enterobacter aerogenes (18,3%), Pseudomonas aeruginosa (8,2%), espécies de Shigella (5,5%), Alcaligenes faecalis (4,6%), espécies de Micrococcus (3,7%) e espécies de Salmonella foram as espécies de bactérias isoladas (2,1%). Dez espécies bacterianas diferentes estavam presentes em todas as amostras de folhas de água, folhas de abóbora e folhas verdes. Escherichia coli, Staphylococcus aureus, Enterobacter aerogenes e Pseudomonas aeruginosa foram as mais frequentemente encontradas nas folhas de água (39,6%, 16,8% e 11,4%, respetivamente), seguidas pelas folhas de abóbora

(29,7%, 18,1% e 11,4%, respetivamente 12,9%). Não foi possível isolar espécies de Salmonella, Pseudomonas aeruginosa, Citrobacter, Micrococcus e outros isolados a partir de amostras de folhas amargas. As bactérias Gram negativas eram extremamente sensíveis à ofloxacina e à ciprofloxacina (55,6-100%) e menos sensíveis à tetraciclina (0,0-22,7%), de acordo com os resultados de uma análise da suscetibilidade aos antibióticos. O Bacillus cereus apresentou a suscetibilidade mais baixa à eritromicina (9,1%), enquanto as bactérias Gram positivas apresentaram uma suscetibilidade à pefloxacina (90,9-100%), à ciprofloxacina (81,8-100%) e à eritromicina.

Feroz 2013 determinando a frequência de microrganismos entre eles, pode ser possível avaliar se os legumes recém-cortados podem servir como substratos para incentivar a produção da microflora deteriorante. Com base nestas hipóteses, o presente estudo procurou investigar a probabilidade de microflora deteriorante e de agentes patogénicos, tais como E. coli, Staphylococcus spp., Vibrio spp., Klebsiella spp., Salmonella spp., Shigella spp., Pseudomonas spp., Aeromonas spp. e Listeria spp, entre os frequentemente Amostras de cenoura, pepino e tomate foram recolhidas de vários hotéis e restaurantes e limpas para remover poluentes. redução de Salmonella spp., Shigella spp., Pseudomonas spp. e Listeria spp. em amostras de cenoura e tomate, bem como Shigella, Pseudomonas spp. e amostras de pepino.

Karen McColl 2016 Afirmou que os legumes têm caraterísticas promotoras de saúde, sendo uma fonte de vitaminas e minerais, e fitoquímicos, alguns dos quais são antioxidantes, fitoestrogénios e agentes anti-inflamatórios. O recente aumento da consciencialização para os benefícios dos vegetais para a saúde resultou num aumento do consumo. O consumo insuficiente de frutas e produtos hortícolas contribui para uma saúde deficiente e aumenta o risco de doenças não transmissíveis.

Materiais

The laboratório work of this investigação was done in the microbiologia laboratório de investigação do departamento de microbiologia da Universidade RMLA, Ayodhya, Índia.

Equipamento

- Armário de fluxo de ar laminar
- Incubadora
- Máquina de autoclave
- Vidraria, aparelho de destilação de laboratório, microscópio, placas de Petri, micro-pipetas 0,1, bico de Bunsen, inclinação, placa de aquecimento, tubo de ensaio, balão de 500 ml, pipeta de ml, proveta, balão cónico, algodão, folha de alumínio, jornal, saco de polietileno, etc.

Media (NAM) [NUTRIENT A GAR MEDIA]

O ágar nutriente é um meio de utilização geral que suporta o crescimento de uma vasta gama de organismos não fastidiosos. Contém tipicamente (massa/volume), (Figura Número 1).

- 1% de peptona - fornece azoto orgânico.

- 0,6% de extrato de carne de bovino - o teor de água e lubrificante da carne contribui com vitaminas, hidratos de carbono, azoto e sais.

- 8% de ágar - para dar solidez às misturas.

- 1% de NaCl - isto dá à mistura proporções semelhantes às encontradas no citoplasma da maioria dos organismos.

- Água destilada - a água serve de meio de transporte para as várias substâncias dos ágares (Quadro n.º 1).

Quadro n.º 1: Procedimento de preparação do meio de ágar nutriente NAM para 200 ml

Componentes	Quantidade (em gramas)	Quantidade (em %)
Peptona	5	1
Extrato de carne de bovino	3	0.6
Cloreto de sódio	5	1
Ágar	15	3
Água destilada	1000	200

Fluxograma da conceção do estudo

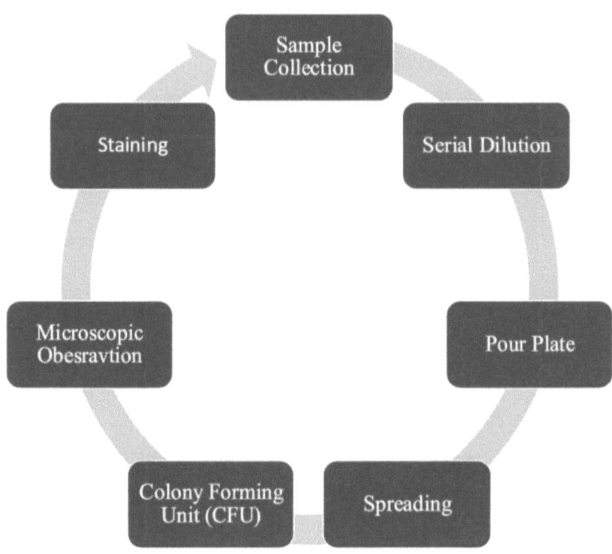

Métodos

1. Recolha de amostras: O distrito de Ayodhya é um dos 75 distritos do estado de Uttar Pradesh, no norte da Índia, situado entre 26°46¹ e 45°81¹N e 82°14¹ e 37°26¹E. O distrito foi dividido em onze blocos: Mawai, Rudauli, Sohawal, Masodha, Pura bazaar, Maya bazaar, Amaniganj, Milkipur, Haringtonganj, Bikapur e Tarun. O distrito estende-se por uma área de 2.764 km². O distrito de Ayodhya (Faizabad) (Fig. 16) tem uma população de 2.468.371 habitantes em 2011, o que equivale à população do Kuwait e do estado do Nevada nos EUA. O distrito de Ayodhya é a sede administrativa da divisão de Faizabad.

Foram colhidas amostras de frutos e legumes em diferentes locais de Ayodhya Um total de 4 amostras de frutos crus, tais como maçã, banana, manga e laranja, bem como amostras de legumes, tais como tomate, pimento, couve e cabaça pontiaguda, foram colhidas em diferentes locais do distrito de Ayodhya entre março de 2022 e junho de 2022. Todas as amostras foram colhidas em sacos de polietileno estéreis numa caixa isolada com gelo para manter uma temperatura entre 4°C e 6°C e levadas para o Laboratório de Investigação de Microbiologia, Centro de Excelência, (DST-FIST SUPPORTED), Departamento de Microbiologia, Universidade Dr. Rammanohar Lohia Avadh, Ayodhya (Faizabad), para análise da amostra no prazo de uma hora após a colheita. As amostras foram colhidas de manhã cedo e transportadas para o laboratório o mais rapidamente possível, de acordo com o método sugerido pela APHA (Associação Americana de Saúde Pública) 1998. (Quadro n.º 2) e (Figura n.º 2).

Quadro n.º 2: Nome das quatro amostras de frutos e legumes frescos que foram utilizadas

S. Não.	Nome do fruto	Área de recolha
1.	Apple	Devkali
2.	Banana	Devkali
3.	Manga	Devkali
4.	Laranja	Devkali

5.	Tomate	Maya Bazar
6.	Capsicum	Maya Bazar
7.	Couve	Maya Bazar
8.	Guarda pontiaguda	Maya Bazar

Processamento de amostras

Após a recolha das amostras, foram efectuadas diluições em série a partir das amostras e das placas de derrame, tendo sido utilizado um método de placas espalhadas para observar o crescimento de diferentes microrganismos. A técnica de isolamento de culturas puras foi desenvolvida por Robert Koch. Normalmente, a população microbiana existe como uma mistura de muitos outros tipos de células, pelo que esta técnica laboratorial é utilizada para produzir culturas puras a partir dessa população. Este método é também utilizado para contar o número de organismos viáveis num líquido, como a água, o leite ou uma cultura em caldo. O principal objetivo do método de pour plate é isolar a cultura pura a partir de uma mistura de diferentes populações e demonstrar as caraterísticas culturais das bactérias, tais como a cor, a textura, o tamanho, a elevação, etc. Diluições em série do inóculo (diluição em série da amostra primária) são adicionadas às placas de Petri estéreis, seguidas da adição de meio de ágar fundido e arrefecido (42-45°C). Os inóculos e o meio foram completamente misturados através da rotação das placas, que são depois deixadas a solidificar. Os inóculos também podem ser espalhados no meio de ágar solidificado em placas de Petri estéreis, utilizando uma espátula estéril de vidro ou plástico. Após 24 horas de incubação das placas de Petri inoculadas a uma temperatura adequada, observa-se o aparecimento de colónias isoladas que crescem em todo o meio. As colónias puras, de tamanho, forma e cor variáveis, podem ser isoladas/transportadas para meios de cultura de tubos de ensaio para preparar culturas puras

Diluição em série

Antes de utilizarmos o tubo de ensaio, vamos autoclavar. Em seguida, vamos para o laminador e, em primeiro lugar, colocamos 9 tubos de ensaio de maçã, 9 tubos de ensaio de bananas, 9 tubos de ensaio de manga, 9 tubos de ensaio de laranja, 9 tubos de ensaio de tomate, 6 tubos de ensaio de pimento, 9 tubos de ensaio de couve e 9 tubos de ensaio de guarda pontiaguda no suporte de tubos de ensaio em frente ao laminador.

De seguida, pegámos em quatro frutos Maçã, banana, manga, laranja, tomate, pimento, couve e apontámos o guarda de onde trouxemos. Todos os frutos/vegetais deitámos os pés de cima sem lavar 10 ml de água destilada d no laminar, com a ajuda de uma pipeta 1 ml de 9 ml. Em seguida, colocar a maçã de água 10^1, depois de 10^{-1} agitar bem e tirar 1ml e colocar no 10^2, depois de 10^{-2} agitar bem e tirar 1ml e colocar no 10^{-3}, depois de 10^{-3} agitar bem e tirar 1ml e colocar no 10^{-4}, depois de 10^{-4}, agite bem, retire 1 ml e coloque-o no 10^{-5}, depois de 10^{-5}, agite bem, retire 1 ml e coloque-o no 10^{-6}, depois de 10^{-6}, agite bem, retire 1 ml e coloque-o no 10^{-7}. Da mesma forma, no mesmo processo, também faremos a diluição em série das nossas amostras (Figura nº 3).

d) Placas de despejo

Antes de verter, autoclavamos os nossos meios e placas, depois vamos para a câmara laminar e abrimos cada uma das nossas placas e colocamos 20 ml de meios em todas. Depois de verter, deixamo-lo durante 10 minutos para solidificar (Figura n° 5).

Método das placas de dispersão

Depois de solidificar e de terminar a diluição em série, preparamos 8 placas de ágar nutriente

- Apple $10-4$, $10-6$
- Banana $10-4$, $10-6$
- Manga $10-4$, $10-6$
- Laranja $10-4$, $10-6$
- Tomate $10-4$, $10-6$
- Capsicum $10-4$, $10-6$
- Couve $10-4$, $10-6$
- Guarda pontiagudo $10-4$, $10-6$

Vamos efetuar a primeira diluição em série de Maçã e Tomate -

Agitaremos as amostras 10^{-4} da diluição em série e, a partir daí, colocaremos as maçãs 10^{-4} numa placa com um conta-gotas de 0,1 ml e espalharemos uniformemente. Depois, agitaremos novamente 10^{-6} da diluição em série e, a partir daí, colocaremos as amostras 10^{-6} numa placa com um conta-gotas de 0,1 ml e espalharemos uniformemente.

Em segundo lugar, efectuamos uma diluição em série de banana e pimentão.

Agitaremos de novo as amostras 10-4 da diluição em série e, a partir daí, colocaremos as amostras 10^{-4} numa placa com um conta-gotas de 0,1 ml e espalharemos uniformemente. Em seguida, agitaremos novamente as amostras 10^{-6} da diluição em série e, a partir daí, colocaremos as amostras 10^{-6} numa placa com um conta-gotas de 0,1 ml e espalharemos uniformemente.

Faremos uma terceira diluição em série de manga e couve.

Agitaremos novamente as amostras 10^{-4} da diluição em série e, a partir daí, colocaremos as amostras 10^{-4} numa placa com um conta-gotas de 0,1 ml e espalharemos uniformemente. Em seguida, agitamos novamente as amostras 10^{-6} da diluição em série e, a partir daí, colocamos as amostras 10^{-6} numa placa com um conta-gotas de 0,1 ml e espalhamo-las uniformemente.

Desta forma, a quarta diluição em série de laranja e guarda apontada

Agitaremos novamente as amostras 10^{-4} da diluição em série e, a partir daí, colocaremos as amostras 10^{-4} numa placa com um conta-gotas de 0,1 ml e espalharemos uniformemente. Em seguida, agitamos novamente as amostras 10^{-6} da diluição em série e, a partir daí, colocamos as amostras 10^{-6} numa placa com um conta-gotas de 0,1 ml e espalhamo-las uniformemente. Depois de espalhar, colocamos todas as nossas placas invertidas na incubadora a 37°C durante 24 horas.

Método Streak Plate para isolamento de cultura pura

As colónias bacterianas isoladas podem ser uma espécie de cultura mista. Para a purificação de culturas bacterianas das placas de Petri anteriores, a colónia bacteriana isolada pode ser purificada seguindo o método da placa de sementeira.

O número total de unidades formadoras de colónias (CFU) na superfície de um meio de ágar é enumerado. O cálculo de CFU/mL é efectuado utilizando a fórmula:

$$Total\ Viable\ Counts\ (\frac{CFU}{ml}) = \frac{CFU \times Dilution\ factor}{Wt\ or\ Volume\ of\ sample}$$

Técnicas de coloração

As bactérias são praticamente semi-transparentes e difíceis de ver na sua forma não corada. As bactérias são coradas para as tornar mais claramente visíveis (para desenvolver contraste entre as células bacterianas e o fundo). Os corantes são sais que contêm um ião orgânico e um ião inorgânico. Os sais são compostos por iões com carga positiva (catiões) e iões com carga negativa (aniões). Consoante a sua carga, a base do corante está associada a um anião ou a um catião, sendo designada por corante básico. Um agente corante utilizado para fins gerais (por exemplo, coloração de têxteis) é designado por corante; o que é utilizado para colorir materiais biológicos é designado por corante.

Coloração de Gram:

Os procedimentos de coloração de Gram têm de ser auxiliares na distinção entre bactérias gram-negativas e gram-positivas e na disposição da célula bacteriana, bem como na forma, tamanho, etc.

Pegar numa lâmina esterilizada, limpa e sem cera e fazer um esfregaço. A lâmina foi colocada com o esfregaço fixado pelo calor num tabuleiro de coloração. Adicionou-se uma gota de violeta cristalina, deixou-se atuar durante 60 segundos e lavou-se com água destilada. Adicionou-se também uma gota de iodo (mordente) e deixou-se atuar durante 30 segundos. Em seguida, lavar com água destilada.

De seguida, adicionou-se álcool etílico a 95% (descoloração) e deixou-se atuar durante 30 segundos. Depois, lavou-se com água destilada. Em seguida, adicionou-se safranina, deixou-se atuar durante 60 segundos e lavou-se com água destilada, secou-se com papel absorvente e deixou-se secar ao ar (Fig. n.º 7 de amostras de frutos, maçã, banana, manga e laranja).

Materiais:

Microscópio, lâmina de vidro, bico de Bunsen, lâmpada de gás, frasco de lavagem, corantes básicos: violeta de cristal, safranina, cultura bacteriana, ansa de inoculação.

Procedimento

1. Pegar numa lâmina limpa e sem gordura. Utilizando a ansa de inoculação, transferir uma ansa da cultura (se for cultura em caldo) para o centro da lâmina de vidro. No entanto, se a cultura for retirada de um meio sólido, colocar primeiro uma gota de água na lâmina de vidro e, em seguida, transferir assepticamente a cultura utilizando a ansa de inoculação.

2. Fazer uma película fina (esfregaço) espalhando a cultura com a ajuda da ansa de inoculação. O esfregaço não deve ser nem demasiado espesso nem demasiado fino

3. Secar o esfregaço ao ar; fixar o esfregaço ao calor, passando a lâmina três a quatro vezes através da chama. O objetivo da fixação é matar as bactérias e fixá-las à lâmina de vidro. Deitar algumas gotas de violeta cristalino e deixar reagir durante 60 segundos, lavar o esfregaço suavemente sob a água da torneira de modo a remover o excesso de corante, depois deitar iodo de Gram durante 60 segundos e lavar, após a lavagem adicionar etanol a 95% durante 10 segundos e lavar e, finalmente, deitar safranina durante 60 segundos e lavar

4. Secar ao ar livre com muito cuidado.

5. Examinar a preparação diretamente na objetiva de imersão em óleo

Mancha negativa ou indireta

Neste tipo de técnica de coloração, as bactérias não são coradas diretamente, mas os corantes depositam-se em torno das células bacterianas e daí o nome coloração negativa ou indireta. Esta técnica é efectuada utilizando corantes ácidos como a eosina, a nigrosina, etc. Esta técnica pode ser útil para determinar a morfologia e o tamanho das células secas (Fig. n.º 8 de amostras de frutos, maçã, banana, manga e laranja).

Materiais

Microscópio, lâmina de vidro, corante ácido (negro de nigrosina), ansa de inoculação, cultura em caldo ou em ágar.

Procedimento

1. Colocar uma gota de cultura bacteriana numa das extremidades da lâmina de vidro e adicionar uma gota de corante ácido.

2. Misturar o conteúdo com a ansa de inoculação e fazer uma película fina e uniforme utilizando outra lâmina de vidro

3. Deixar o esfregaço secar ao ar.

4. Examinar a lâmina com a objetiva de imersão em óleo.

Mancha simples

Na coloração simples, as células (esfregaço) são coradas pela aplicação de um único reagente de coloração. Uma coloração simples que cora as bactérias é uma coloração direta. O objetivo da técnica de coloração simples é determinar a forma, o tamanho e a

disposição das células bacterianas.

A coloração simples é efectuada utilizando corantes básicos que têm tempos de exposição diferentes (violeta cristal - 2 a 60 segundos, ou azul de metileno; 50 a 120 segundos). Pegar numa lâmina de vidro limpa, lavar e secar e preparar esfregaços bacterianos de todas as culturas bacterianas e, em seguida, manter uma lâmina (esfregaço fixado pelo calor) no tabuleiro de coloração e aplicar cerca de 5 gotas de um corante. Deitar fora o corante e lavar o esfregaço suavemente com água da torneira corrente lenta.

Secar a lâmina com papel absorvente (Fig. n.º 9 de amostras de frutos, maçã, banana, manga, laranja).

Morfologia

Voltámos a fazer 200 ml de meios para a decapagem, depois retirámos uma colónia em cada placa das placas de espalhamento. Fizemos uma decapagem em cada uma das diferentes placas e depois colocámo-las na incubadora a 37°C durante 48 horas. Após a incubação, fizemos a coloração de gram, a coloração simples e a coloração negativa e depois observámos os diferentes tipos de bactérias ao microscópio. Os padrões de crescimento das bactérias foram avaliados quanto ao tamanho, cor, forma, elevação e **textura** (Cappuccino e Welsh 2018**)**.

Resultados

Cálculo do valor CFU através da seguinte fórmula

$$Total\ Viable\ Counts\ (\frac{CFU}{ml}) = \frac{CFU \times Dilution\ factor}{Wt\ or\ Volume\ of\ sample}$$

UFC - Unidade Formadora de Células

Valor de CFU calculado

Número total de colónias = 150

Total Diluição Fator = 10^{-4}

Volume semeado = 0,1 ml

CFU/ml no stock original = (150 * 10^{-4})/0,1= 15000000 CFU/ml

(Quadro n.º 3 e 4 para as amostras de frutos) e (Quadro n.º 5 e 6

para as amostras de legumes)

<h1 align="center">Quadro n.º 3 Quadro de UFC</h1>

S. Não.	Nome do fruto	Fator de diluição	N.º de colónias (1st e 2)nd	UFC/ml
1.	Apple	10^{-4}	150	$\dfrac{150 \times 4}{0.1}$ $= 150 \times$ 105 $= 1.50 \times$ 104
2.	Apple	10^{-6}	132	$\dfrac{132 \times 10^{-6}}{0.1}$ $= 132 \times 10^{6}$ $= 1.32 \times$ 10^{6}
3.	Banana	10^{-4}	88	$\dfrac{88 \times 10^{-4}}{0.1}$

				$= 88 \times 10^6$
				$= 8.8 \times 10^4$
4.	Banana	10^{-6}	40	$\dfrac{40 \times 10^{-6}}{0.1}$
				$= 40 \times 10^7$
				$= 4.0 \times 10^6$
5.	Manga	10^{-4}	160	$\dfrac{160 \times 10^{-4}}{0.1}$
				$= 160 \times 10^5$
				$= 1.60 \times 10^4$
6.	Manga	10^{-6}	24	$\dfrac{24 \times 10^{-4}}{0.1}$
				$= 24 \times 10^5$
				$= 2.4 \times 10^6$
7.	Laranja	10^{-4}	64	$\dfrac{64 \times 10^{-4}}{0.1}$

				$= 64 \times 10^5$
				$= 6.4 \times 10^4$
8.	Laranja	10^{-6}	52	$\dfrac{52 \times 10^{-6}}{0.1}$ $= 52 \times 10^5$ $= 5.2 \times 10^6$

Quadro n.º 4 Morfologia das colónias

S. Não.	Isolamento	Morfologia das colónias		Dados de coloração		
		Forma	Cor	Coloração de Gram	Mancha negativa	Mancha simples
1.	Apple	Vara curta	Púrpura	Monococcus e Bacillus	Bacillus e	Staphylococcus

					Coccu s	
2.	Banan a	Vara curta	Púrp ura	Monoco ccus e Bacillus	Bacill us e Coccu s	Staphyloc occi
3.	Manga	Vara curta	Púrp ura	Staphylo cocci	Bacill us e Coccu s	Staphyloc occi
4.	Laranj a	Vara curta	Púrp ura	Estafiloc ocos	Coccu s e Bacill us	Estafiloc ocos

Quadro 5: Contagem de UFC na superfície de um meio de ágar e cálculo de UFC/ml.

N.º Sr.	Legumes	Diluição Fator	N.º de Colónias placas I, II	N.º médio de Placas de colónias $\dfrac{I + II}{2}$	UFC/mL $= \dfrac{CFU \times dilution\ fa}{wt\ or\ volume\ of\ sa}$
I II	*Capsicum* *Capsicum*	10-4 10-6	76 62	$\dfrac{76 + 62}{} = 69\,2$	$\dfrac{76\times4}{0.1} = 3.04\text{x}10$ $\dfrac{62\times4}{0.1} = 2.48\text{x}10$
I II	*Cabaça pontiaguda* *Cabaça pontiaguda*	10-4 10-6	64 43	$\dfrac{64 + 43}{} = 53.5\,2$	$\dfrac{64\times4}{0.1} = 2.56\text{x}10$ $\dfrac{43\times4}{0.1} = 1.72\text{x}10$

I	*Tomate*	10-4	94	$94 + 76$	$\frac{94\times4}{0.1} = 3.76\text{x}10$
II	*s*	10-6	76		$\frac{76\times4}{0.1} = 3.04\text{x}10$
	Tomate			$= 85\ 2$	
	s				
I	*Couves*	10-4	107	$\frac{107 + 46}{2} = 7($	$\mathbf{107\times4} \qquad 2$
II	*Couves*	10-6	46		$= \square.\,\mathbf{28x10}$
					$\frac{\mathbf{0.1}}{}$
					$\mathbf{46\times4} \qquad 4$
					$= \square.\,\mathbf{84x10}$
					$\mathbf{0.1}$

Quadro 6: Caraterísticas das bactérias isoladas de vegetais verdes crus.

Sr. Nã o.	Legumes	Coloração	Forma	cor	Bactérias isoladas

1.	*Capsicum*	Coloração de Gram Coloração negativa Coloração simples	Forma da haste Vara pequena Forma da haste	Púrpura Branco Púrpura	
2.	*Cabaça pontiaguda*	Coloração de Gram Coloração negativa Coloração simples	Coccus Forma da haste Forma da haste	Cor-de-rosa Branco Púrpura	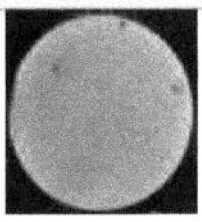
3.	*Tomates*	Coloração de Gram Coloração negativa	Vara pequena Coccus	Cor-de-rosa	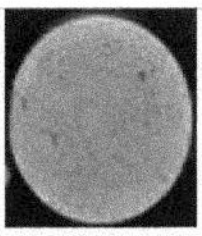

		Coloração simples	Cocuus	Branco Púrpura	
4.	*Couves*	Coloração de Gram Coloração negativa Coloração simples	Barra longa Coccus Coccus	Cor-de-rosa Branco Púrpura	

Discussão

Como claramente observado na tabela acima, podemos facilmente ver que, de acordo com os dados de coloração e a morfologia das colónias de maçã, banana, manga e laranja. A púrpura detectou a presença de bacilos monococos, estafilococos, bacilos e cocos durante o teste bioquímico.

O objetivo deste estudo foi apresentar os dados isolados, identificados e analisados a partir de inquéritos realizados durante um período de quatro meses (março de 2022 a junho de 2022) sobre a contaminação bacteriana de uma variedade de vegetais verdes crus frescos disponíveis nos mercados retalhistas locais em Ayodhya, Uttar Pradesh, incluindo vegetais de folha, ervas de folha, cebolas verdes, tomates, melões e bagas. Os objectivos da análise eram produzir uma base de referência para orientar as decisões sobre segurança alimentar, bem como um resumo das conclusões e tendências observadas.

Uma vez que é amplamente aceite que as frutas e os legumes são componentes essenciais de uma dieta saudável, vários países, incluindo o Canadá, lançaram campanhas para incentivar as pessoas a consumi-los mais. A procura de variedade e de disponibilidade destes produtos durante todo o ano por parte dos consumidores teve um impacto no comércio internacional, particularmente em países como o Canadá, onde a época de crescimento é curta e onde é fornecido um número substancial de frutas e legumes frescos. As ocorrências internacionais de doenças de origem alimentar ligadas à fruta fresca aumentaram desde meados da década de 1990, e estão a ser tomadas medidas para resolver estes problemas de segurança alimentar (Berger et al. 2010; Lynch et al. 2009; Sivapalasingam et al. 2004). Na nossa investigação, descobriu-se que as amostras de tomate favoreceram o crescimento de quase todas as bactérias testadas, as amostras de cenoura favoreceram o crescimento de todas as bactérias exceto Shigella spp. e as amostras de pepino favoreceram o crescimento de todas as bactérias exceto Pseudomonas. Notavelmente, as amostras de cenoura, tomate e pepino não mostraram qualquer diferença no crescimento de Pseudomonas spp. ou Salmonella spp. Staphylococcus spp. e E.

coli demonstraram as taxas de crescimento mais baixas entre os agentes patogénicos examinados, designando-os como os agentes patogénicos com maior possibilidade de sobrevivência. Dado que as infecções são omnipresentes na maioria das superfícies e que fazem parte da flora normal do corpo, este facto pode ser preocupante. Pode também ser um sinal de condições ambientais fortes que encorajam o crescimento de organismos, que podem ser facilmente transmitidos através da contaminação com fezes e do contacto com a pele.

A prevalência da contaminação bacteriana foi, em geral, bastante baixa nos quatro produtos que foram objeto do presente estudo. Raramente foram encontrados e isolados agentes patogénicos bacterianos. Shigella (23.286 amostras analisadas), E. coli O157 (23.805 amostras estudadas) e Campylobacter foram os três agentes patogénicos que não foram encontrados em nenhuma das amostras testadas (8866 amostras analisadas). Por isso, descobriu-se que os intervalos de prevalência calculados para estes agentes patogénicos nos vários grupos de produtos estudados eram tão baixos como (0, 0,03%) para a E.

coli O157 em vegetais de folha, o grupo com a maior dimensão de amostra, e tão elevados como (0, 0,28%) para a Shigella em bagas, o grupo com a menor dimensão de amostra. De forma semelhante, apenas dez das 29.391 amostras examinadas produziram

Deteção e isolamento de salmonelas. Estas amostras favoráveis foram encontradas em melões, ervas de folha fresca, cebolas verdes e legumes de folha. A baixa incidência de Salmonella em produtos frescos foi corroborada pelos valores de prevalência. As ervas de folha e os melões tiveram as maiores taxas positivas, com intervalos de prevalência de (0,04, 0,29%) e (0,02, 0,23%), respetivamente.

A contaminação bacteriana das ervas de folha parece flutuar ao longo do tempo, mas não se observou um padrão sazonal óbvio. Em geral, as ervas de folha foram as mais poluídas dos grupos de produtos incluídos nestes inquéritos, e as estatísticas tendem a sugerir que este padrão é bastante estável ao longo das estações. Nas outras categorias de produtos em estudo, a deteção de agentes patogénicos bacterianos e de E. coli comum (a níveis superiores a 100 UFC ou NMP/g) foi tão rara que, não inesperadamente, não se registaram eventos particularmente dignos de nota em termos de contaminação bacteriana. Dado que os tomates têm sido associados a numerosos surtos significativos de Salmonella na América do Norte (Hanning, Nutt, e Ricke 2009)é incrivelmente surpreendente que nenhuma das 4837 amostras recolhidas ao longo de três anos de vigilância tenha revelado qualquer contaminação com a bactéria patogénica.

Os produtos frescos são uma fonte significativa de vitaminas, minerais e fibras, o que levou a um aumento do consumo nas últimas duas décadas (Olaimat e Holley 2012). Além disso, os consumidores estão cada vez mais preocupados em manter hábitos alimentares saudáveis e estão mais conscientes dos benefícios para a saúde das frutas e legumes frescos. No entanto, os casos de doenças de origem alimentar associadas a produtos hortícolas frescos têm crescido ao mesmo tempo (Warriner et al. 2009). Os vegetais crus podem conter uma variedade de bactérias patogénicas potencialmente infecciosas que podem crescer nas plantas ou aparecer como pequenas colónias no interior dos tecidos vegetais (Beuchat 2002). Numerosos factores podem ter um impacto na variação do microbioma dos produtos hortícolas, que inclui micróbios regulares do solo, vida vegetal gerada a partir de resíduos animais, irrigação ou água de esgotos, transporte e manuseamento descuidado no retalho. Durante a colheita, os esgotos, a água de irrigação não tratada, as águas superficiais ou as fezes podem contaminar os produtos hortícolas com germes perigosos (Peter Feng (aposentado) 2020). A água poluída utilizada para enxaguar os produtos hortícolas e para os pulverizar com água para os manter frescos é outra fonte de infeção (Fröder et al. 2007).

<u>Conclusão</u>

From the data apresentado atual in the study, it is óbvio to claim that frutas contêm uma contagem bacteriana até $1,0 \times 105$ cm2 nas suas superfícies.

A lavagem incorrecta dos frutos adiciona estas bactérias ao extrato, levando à contaminação. A utilização de água não higiénica conservada sem refrigeração, um ambiente não higiénico, muitas vezes com enxames de moscas domésticas e de moscas da fruta e poeiras transportadas pelo ar, também podem atuar como fonte de contaminação.

So, it is very importante to educate nós próprios about food segurança and práticas de higiene.

O nívcl dc contaminação microbiana cm vcgctais crus frescos foi objeto de numerosas investigações no passado, mas ainda não se sabe quanto tempo dura a infeção. A investigação revelou a presença de muitas bactérias isoladas em legumes verdes crus nas proximidades do mercado em Ayodhya, Uttar

Pradesh, Índia. A fim de identificar o desenvolvimento crescente no mundo, é necessária uma vigilância intensiva do isolamento. Uma vez que é necessário um tratamento térmico adicional para a preparação dos legumes, é crucial lavar corretamente os legumes e colocá-los de molho em produtos químicos antibacterianos de qualidade alimentar durante um período de tempo suficiente para matar quaisquer infecções e reduzir drasticamente a carga microbiana.

A contaminação bacteriana de vegetais verdes e crus foi descoberta nesta investigação (pimento, tomate, cabaça pontiaguda e couves). *O Coccus sps.* foi identificado morfologicamente desta forma com base numa caraterística distintiva. Após coloração com Gram positivo e Gram negativo, a identificação foi confirmada. Com base nas caraterísticas morfológicas e nas bactérias isoladas, as bactérias identificadas como semelhantes a *Coccus* foram isoladas de três legumes verdes crus (cabaça pontiaguda, tomate e couves), mas não de pimento.

Referências

Ahmed, M. Shakir Uddin, Tania Nasreen, Badrunnessa Feroza e Sahana Parveen. 1970. "Microbiological Quality of Local Market Vended Freshly Squeezed Fruit Juices in Dhaka City, Bangladesh." Bangladesh Journal of Scientific and Industrial Research 44(4). doi: 10.3329/bjsir.v44i4.4591.

Alegbeleye, Oluwadara Oluwaseun, Ian Singleton e Anderson S. Sant'Ana. 2018. "Fontes e rotas de contaminação de patógenos microbianos para produtos frescos durante o cultivo no campo: A Review". Food Microbiology 73:177-208.

Ali, Mohammad, Anna Lena Lopez, Young Ae You, Young Eun Kim, Binod Sah, Brian Maskery e John Clemens. 2012. "A carga global da cólera". Boletim da Organização Mundial de Saúde 90(3). doi: 10.2471/blt.11.093427.

Al-Kharousi, Zahra S., Nejib Guizani, Abdullah M. Al-Sadi, Ismail M. Al-Bulushi e Baby Shaharoona. 2016. "Hiding in Fresh Fruits and Vegetables: Os agentes patogénicos oportunistas podem atravessar as barreiras geográficas". International Journal of Microbiology 2016. doi: 10.1155/2016/4292417.

Aneja, K. R. 2013. Experiências em Microbiologia, Fitopatologia e Biotecnologia. New Age International Publishers.

Anónimo. 2020. Diretrizes dietéticas para os americanos.

Anon. n.d. "On Food and Cooking_ the Science and Lore of the Kitchen - Harold McGee".

APHA (Associação Americana de Saúde Pública). 1998. "Métodos padrão para o exame de água e águas residuais". Associação Americana de Saúde Pública: Washington D.C.

Berg, Gabriele, Armin Erlacher, Kornelia Smalla e Robert Krause. 2014. "Microbiomas vegetais: Existe uma conexão entre infecções oportunistas, saúde humana e nosso 'sentimento intestinal'?" Microbial Biotechnology 7(6). doi: 10.1111/1751-7915.12159.

Berger, Cedric N., Samir V. Sodha, Robert K. Shaw, Patricia M. Griffin, David Pink, Paul Hand e Gad Frankel. 2010. "Frutas e vegetais frescos como veículos para a transmissão de patógenos humanos". Environmental Microbiology 12(9).

Beuchat, Larry R. 2002. "Ecological Factors Influencing Survival and Growth of Human Pathogens on Raw Fruits and Vegetables" (Factores ecológicos que influenciam a sobrevivência e o crescimento de agentes patogénicos humanos em frutas e legumes crus). Microbes and Infection 4(4).

Bisht, Akshay, Manoj P. Kamble, Pritesh Choudhary, Kartikey Chaturvedi, Gautam Kohli, Vijay K. Juneja, Shalini Sehgal e Neetu Kumra Taneja. 2021. "Uma vigilância de surtos de doenças transmitidas por alimentos na Índia: 2009-2018." Controlo Alimentar 121. doi: 10.1016/j.foodcont.2020.107630.

Biswas, Baishakhi, Md Abul, Kalam Azad, Nurul Absar, Saiful Islam e Sabrina Amin. n.d. "Isolation and Identification of Pathogenic Bacteria from Fresh Fruits and Vegetables in Chittagong, Bangladesh." Journal of Microbiology Research 2020(2):55-58. doi: 10.5923/j.microbiology.20201002.03.

Biswas, Karabi, Dipak Paul e Narayan Sinha. 2015. "Karabi Biswas, Dipak Paul, Sankar Narayan Sinha. Prevalência de Bactérias Coliformes Resistentes a Múltiplos Antibióticos na Água do Rio Ganga." Fronteiras em Microbiologia Ambiental 1(3):44-46. doi: 10.11648/j.fem.20150103.12.

Blackburn, e Peter J. McClure. 2002. Foodborne Pathogens. editado por C. de Blackburn e P. McClure. CRC Press.

Callejón, Raquel M., M. Isabel Rodríguez-Naranjo, Cristina Ubeda, Ruth Hornedo-Ortega, M. Carmen Garcia-Parrilla e Ana M. Troncoso. 2015. "Reported Foodborne Outbreaks Due to Fresh Produce in the United States and European Union: Trends and Causes" [Tendências e causas]. Foodborne Pathogens and Disease 12(1):32-38. doi: 10.1089/fpd.2014.1821.

Cappuccino, James e Chad Welsh. 2018. Microbiologia, um Manual de Laboratório.

Carmo, Helena, Jan G. Hengstler, Douwe De Boer, Michael Ringel, Fernando Remião, Félix Carvalho, Eduarda Fernandes, Lesseps A. Dos Reys, Franz Oesch, e Maria De Lourdes Bastos. 2005. "Vias Metabólicas da 4-Bromo-2,5-Dimetoxifenetilamina (2C-B): Analysis of Phase I Metabolism with Hepatocytes of Six Species Including Human." Toxicologia 206(1). doi: 10.1016/j.tox.2004.07.004.

Christine A Northrop-Clewes, e Christopher Shaw. 2000. Parasites. Vol. 56.

Critzer, Faith J., e Michael P. Doyle. 2010. "Ecologia microbiana de patógenos de origem alimentar associados a produtos". Current Opinion in Biotechnology 21(2):125-30.

Denis, Nelly, Helen Zhang, Alexandre Leroux, Roger Trudel e Henri Bietlot. 2016. "Prevalência e Tendências de Contaminação Bacteriana em Frutas e Vegetais Frescos Vendidos a Retalho no Canadá." Food Control 67:225-34. doi: 10.1016/j.foodcont.2016.02.047.

Erdoğrul, Özlem, e Hakan Şener. 2005. "A Contaminação de Várias Frutas e Vegetais com Enterobius Vermicularis, Ovos de Ascaris, Cistos de Entamoeba Histolyca e Cistos de Giardia." Food Control 16(6 SPEC. ISS.). doi: 10.101C/j.foodcont.2004.06.016.

Feroz, Farahnaaz. 2013. "Determinação do crescimento microbiano e sobrevivência em vegetais de salada através do teste de desafio in vitro." Jornal Internacional dc Nutrição e Ciências Alimentares 2(6). doi: 10.11648/j.ijnfs.20130206.18.

Franke, Adrian A., Laurie J. Custer, Christi Arakaki e Suzanne P. Murphy. 2004. "Níveis de vitamina C e flavonóides de frutas e legumes consumidos no Havaí". Journal of Food Composition and Analysis 17(1). doi: 10.1016/S0889-1575(03)00066-8.

Fro, Hans, Lia Geraldes Martins, Katia DE Leani Oliveira Souza, Mariza Landgraf, Bernadette D. G M Franco, e Maria Teresa Destro. 2007. Saladas de legumes minimamente processadas: Avaliação da qualidade microbiana. Vol. 70.

Garg, Neelima, J. J. Churey, e D. F. Splittstoesser. 1990. "Effect of Processing Conditions on the Microflora of Fresh-Cut Vegetables." Journal of Food Protection 53(8). doi: 10.4315/0362-028X-53.8.701.

Gouri Sundaran. 2006. Processed Tropical Fruits - A Product Profile. Relatórios da Autoridade para o Desenvolvimento das Exportações de Produtos Agrícolas e Transformados (APEDA).

Gramza-Michałowska, Anna, e Józef Korczak. 2008. PRODUTOS VEGETAIS COMO TEMA DO SISTEMA HACCP NA GASTRONOMIA MODERNA. Vol. 7.

Hanning, Irene B., J. D. Nutt e Steven C. Ricke. 2009. "Salmonellosis Outbreaks in the United States Due to Fresh Produce: Sources and Potential Intervention Measures" [Fontes e potenciais medidas de intervenção]. Foodborne Pathogens and Disease 6(6).

Harris, L. J., J. N. Farber, L. R. Beuchat, M. E. Parish, T. V. Suslow, E. H. Garrett e F. F. Busta. 2003. "Outbreaks Associated with Fresh Produce: Incidence, Growth, and Survival of Pathogens in Fresh and Fresh-Cut Produce." Comprehensive Reviews in Food Science and Food Safety 2(1 SUPPL.):78-141. doi: 10.1111/j.1541-4337.2003.tb00031.x.

Hassan, Sabry A., Abdullah D. Altalhi, Youssuf A. Gherbawy e Bahig A. El-Deeb. 2011. "Carga bacteriana de legumes frescos e a sua resistência aos antibióticos atualmente utilizados na Arábia Saudita". Foodborne Pathogens and Disease 8(9):1011-18. doi: 10.1089/fpd.2010.0805.

Hedberg, Craig W., Kristine L. Mac Donald e Michael T. Osterholm. 1994. "Mudança na Epidemiologia das Doenças de Origem Alimentar: A Minnesota Perspective". Clinical Infectious Diseases 18(5). doi: 10.1093/clinids/18.5.671.

Hemalata, V. B., e D. B. M. Virupakshaiah. 2016. "Isolamento e identificação de patógenos transmitidos por alimentos de amostras de alimentos estragados". Jornal Internacional de Microbiologia Atual e Ciências Aplicadas 5 (6). doi: 10.20546 / ijcmas.2016.506.108.

Herman, K. M., A. J. Hall e L. H. Gould. 2015. "Surtos atribuídos a vegetais de folhas frescas, Estados Unidos, 1973-2012." Epidemiologia e Infeção 143(14):3011-21. doi: 10.1017/S0950268815000047.

Ihekoronye, A. I., e P. O. Ngoddy. 1985. "Ciência e Tecnologia Alimentar Integrada para os Trópicos". Ciência e Tecnologia Alimentar Integrada para os Trópicos.

Islam, Mahbub, Jennie Morgan, Michael P. Doyle, Sharad C. Phatak, Patricia Millner e Xiuping Jiang. 2004. "Fate of Salmonella Enterica Serovar Typhimurium on Carrots and Radishes Grown in Fields Treated with Contaminated Manure Composts or Irrigation Water." Applied and Environmental Microbiology 70(4):2497-2502. doi: 10.1128/AEM.70.4.2497-2502.2004.

Karen McColl. 2016. "Increasing Fruit and Vegetable Consumption to Reduce the Risk of Noncommunicable Diseases." in e-Library of Evidence for Nutrition Actions (eLENA). Organização Mundial da Saúde.

Kurowska, E. M., J. D. Spence, J. Jordan, S. Wetmore, D. J. Freeman, L. A. Piche e P. Serratore. 2000. "Efeito de aumento do colesterol HDL do suco de laranja em indivíduos com hipercolesterolemia". American Journal of Clinical Nutrition 72(5). doi: 10.1093/ajcn/72.5.1095.

Leclercq, A., C. Wanegue, e P. Baylac. 2002. "Comparison of Fecal Coliform Agar and Violet Red Bile Lactose Agar for Fecal Coliform Enumeration in Foods." Applied and Environmental Microbiology 68(4). doi: 10.1128/AEM.68.4.1631-1638.2002.

Leff, Jonathan W., e Noah Fierer. 2013. "Comunidades bacterianas associadas às superfícies de frutas e vegetais frescos". PLoS ONE 8(3). doi: 10.1371/journal.pone.0059310.

Liu, Rui Hai. 2013. "Componentes promotores de saúde de frutas e vegetais na dieta". Avanços em Nutrição 4 (3). doi: 10.3945 / an.112.003517.

Losio, M. N., E. Pavoni, S. Bilei, B. Bertasi, D. Bove, F. Capuano, S. Farneti, G. Blasi, D. Comin, C. Cardamone, L. Decastelli, E. Delibato, P. De Santis, S. Di Pasquale, A. Gattuso, E. Goffredo, A. Fadda, M. Pisanu e D. De Medici. 2015. "Levantamento microbiológico de vegetais verdes folhosos crus e prontos para consumo comercializados na Itália". International Journal of Food Microbiology 210:88-91. doi: 10.1016/j.ijfoodmicro.2015.05.026.

Lozupone, Catherine A., Jesse I. Stombaugh, Jeffrey I. Gordon, Janet K. Jansson e Rob Knight. 2012. "Diversidade, estabilidade e resiliência da microbiota intestinal humana". Nature 489(7415).

Lynch, M. F., R. V. Tauxe, e C. W. Hedberg. 2009. "The Growing Burden of Foodborne Outbreaks Due to Contaminated Fresh Produce: Risks and Opportunities" (Riscos e oportunidades). Epidemiologia e Infeção 137(3).

Machado-Moreira, Bernardino, Karl Richards, Fiona Brennan, Florence Abram e Catherine M. Burgess. 2019. "Contaminação microbiana de produtos frescos: What, Where, and How?" Comprehensive Reviews in Food Science and Food Safety 18(6):1727-50.

Nguyen-the, Christophe, e Frédéric Carlin. 1994. "The Microbiology of Minimally Processed Fresh Fruits and Vegetables." Critical Reviews in Food Science and Nutrition 34(4):371-401. doi: 10.1080/10408399409527668.

Nigad Nipa, Meher, Reaz Mohammad Mazumdar, Md Mahmudul Hasan, Md Fakruddin, Saiful Islam, Habibur R. Bhuiyan e Asif Iqbal. 2011. "Prevalência de bactérias resistentes a múltiplos medicamentos em saladas de legumes crus vendidas nos principais mercados da cidade de Chittagong, Bangladesh." Middle-East Journal of Scientific Research 10(1):70-77.

Ntuli, Victor, Peter Chatanga, Raphael Kwiri, Henry Tendekayi Gadaga, Jephris Gere, Taole Matsepo e Rethabile Portia Potloane. 2017. "Qualidade microbiológica de frutas e legumes secos selecionados em Maseru, Lesoto." Jornal Africano de Investigação Microbiológica 11(5):185-93. doi: 10.5897/ajmr2016.8130.

Olaimat, Amin N., e Richard A. Holley. 2012. "Factores que influenciam a segurança microbiana dos produtos frescos: A Review". Food Microbiology 32(1):1-19.

Olsen, S. J., L. C. MacKinnon, J. S. Goulding, N. H. Bean e L. Slutsker. 2000. "Surveillance for Foodborne-Disease Outbreaks--United States, 1993-1997." MMWR. CDC Surveillance Summaries : Relatório Semanal de Morbilidade e Mortalidade. CDC Surveillance Summaries / Centers for Disease Control 49(1).

Omowaye, O. S., e P. A. Audu. 2012. "Incidência e Deteção de Infecções Parasitárias por Cistos e Óvulos em Frutas e Vegetais de Diferentes Mercados Principais em Kogi, Nigéria." Journal of Applied and Natural Science 4(1):42-46.

Park, C. M., Y. C. Hung, M. P. Doyle, G. O. I. Ezeike, e C. Kim. 2001. "Redução de agentes patogénicos e qualidade da alface tratada com água oxidante electrolisada e água clorada acidificada". Journal of Food Science 66(9):1368-72. doi: 10.1111/j.1365-2621.2001.tb15216.x.

Peter Feng (aposentado), Stephen D. Weagant (aposentado), Michael A. Grant (aposentado), William Burkhardt. 2020. BAM Capítulo 4: Enumeração de Escherichia Coli e Bactérias Coliformes.

Pönkä, A., L. Maunula, C. H. Von Bonsdorff, e O. Lyytikäinen. 1999. "Um surto de Calicivírus associado ao consumo de framboesas congeladas". Epidemiology and Infection 123(3). doi: 10.1017/S0950268899003064.

Prasanna, V., T. N. Prabha, e R. N. Tharanathan. 2007. "Fenómenos de amadurecimento dos frutos - uma visão geral". Critical Reviews in Food Science and Nutrition 47(1). doi: 10.1080/10408390600976841.

Rapeanu, Gabriela, Georgiana Parfene e Gabriela Elena Bahrim. 2008. Confirmação e Identificação de Espécies de Listeria em Alface Fresca.

Rosset, Philippe, Marie Cornu, Véronique Noël, Elisabeth Morelli e Gérard Poumeyrol. 2004. "Time-Temperature Profiles of Chilled Ready-to-Eat Foods in School Catering and Probabilistic Analysis of Listeria Monocytogenes Growth." International Journal of Food Microbiology 96(1):49-59. doi: 10.1016/j.ijfoodmicro.2004.03.008.

Seo, Pil Joon, Mi Jung Kim, Ju Young Park, Sun Young Kim, Jin Jeon, Yong Hwan Lee, Jungmook Kim e Chung Mo Park. 2010. "A ativação a frio de um fator de transcrição NAC ligado à membrana plasmática induz uma resposta de resistência a agentes patogénicos em Arabidopsis." Plant Journal 61(4). doi: 10.1111/j.1365-313X.2009.04091.x.

Sillankorva, Sanna M., Hugo Oliveira, e Joana Azeredo. 2012. "Bacteriófagos e o seu papel na segurança alimentar". International Journal of Microbiology.

Singh, Ram B., Shanti S. Rastogi, Rakesh Verma, B. Laxmi, Reema Singh, S. Ghosh e Mohammad A. Niaz. 1992. "Ensaio Controlado Aleatório de Dieta Cardioprotectora em Pacientes com Enfarte Agudo do Miocárdio Recente: Results of One Year Follow Up". British Medical Journal 304(6833). doi: 10.1136/bmj.304.6833.1015.

Sivapalasingam, Sumathi, Cindy R. Friedman, Linda Cohen e Robert V Tauxe. 2004. Fresh Produce: A Growing Cause of Outbreaks of Foodborne Illness in the United States, 1973 a 1997. Vol. 67.

Soriano, J. M., H. Rico, J. C. Moltó, e J. Mañes. 2001. "Incidência de flora microbiana em alface, carne e omelete de batata espanhola de restaurantes". Food Microbiology 18(2):159-63. doi: 10.1006/fmic.2000.0386.

Stea, Tonje Holte, Oda Nordheim, Elling Bere, Per Stornes e Terje Andreas Eikemo. 2020. "Consumo de frutas e vegetais na Europa de acordo com o gênero, nível de escolaridade e afiliação regional - um estudo transversal em 21 países europeus." PLoS ONE 15(5). doi: 10.1371/journal.pone.0232521.

Suraya, Tuan, e Ahmad Azuhairi. 2010. Deteção de Genes de Virulência e Análise de Consenso Intergénico Repetitivo Enterobacteriano (ERIC-PCR) entre Isolados de Vegetais Crus de Campylobacter Jejuni. Vol. 17.

Swagato, N. J., N. Parvin, S. Ahsan e M. S. Kabir. 2015. "Incidência de bactérias patogénicas múltiplas em malagueta verde e repolho na cidade de Dhaka". International Food Research Journal 22(4).

Szczech, Magdalena, Beata Kowalska, Urszula Smolińska, Robert Maciorowski, Michał Oskiera e Anna Michalska. 2018. "Qualidade microbiana de vegetais orgânicos e convencionais de fazendas polonesas". Jornal Internacional de Microbiologia de Alimentos 286: 155-61. doi: 10.1016 / j.ijfoodmicro.2018.08.018.

Tambekar, D. H., e R. H. Mundhada. 2006. "Bacteriological Quality of Salad Vegetables Sold in Amravati City (India)." Journal of Biological Sciences 6(1). doi: 10.3923/jbs.2006.28.30.

Tan, Lt-H., K. G. Chan, e Lee L-H. 2014. "Aplicação de bacteriófagos no biocontrole dos principais patógenos bacterianos de origem alimentar". Jornal de Biologia Molecular e Imagem Molecular 1 (1).

Tauxe, R., ! H Kruse, ? C Hedberg, M. Potter, ! J Madden, e E K. Wachsmuth2. 1997. Microbial Hazards and Emerging Issues Associated with Produce t A Preliminary Report to the National Advisory Committee on Microbiologic Criteria for Foods. Vol. 60.

Van't Veer, Pieter, Margje Cjf Jansen, Mariska Klerk e Frans J. Kok. 2000. "Fruits and Vegetables in the Prevention of Cancer and Cardiovascular Disease." Public Health Nutrition 3(1):103-7. doi: 10.1017/s1368980000000136.

Wachtel, Marian R., e Amy O. Charkowski. 2002. Cross-Contamination of Lettuce with Escherichia Coli O157:H7. Vol. 65.

Warriner, Keith, Ann Huber, Azadeh Namvar, Wei Fan e Kari Dunfield. 2009. "Capítulo 4 Recent Advances in the Microbial Safety of Fresh Fruits and Vegetables" [Avanços recentes na segurança microbiana de frutas e legumes frescos]. Advances in Food and Nutrition Research 57:155-208.

Weldezgina, Desta, e Diriba Muleta. 2016. "Contaminantes bacteriológicos de alguns vegetais frescos irrigados com o rio Awetu na cidade de Jimma, sudoeste da Etiópia". Avanços em Biologia 2016:1-11. doi: 10.1155/2016/1526764.

OMS. 2003. "DIETA, NUTRIÇÃO E PREVENÇÃO DE DOENÇAS CRÓNICAS". Série de Relatórios Técnicos da OMS 1-160.

Zhao, T., M. R. S. Clavero, M. P. Doyle e L. R. Beuchat. 1997. Health Relevance of the Presence of Fecal Coliforms in Iced Tea and Leaf Tea (Relevância para a saúde da presença de coliformes fecais em chá gelado e chá de folhas). Vol. 60.

<u>Números</u>

Figura número 1: Meio de ágar nutriente

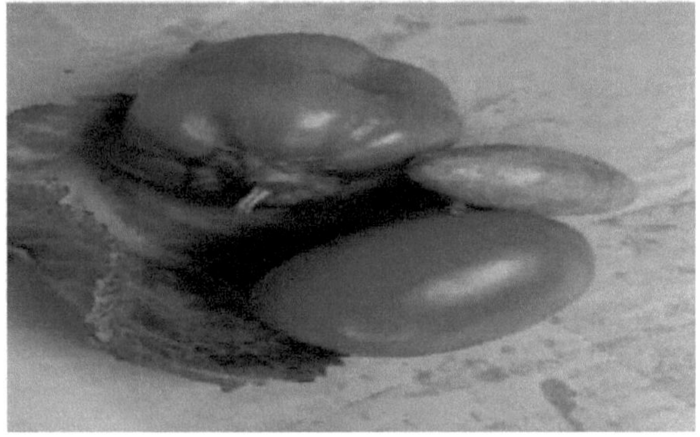

Figura número 2: Amostras para o estudo

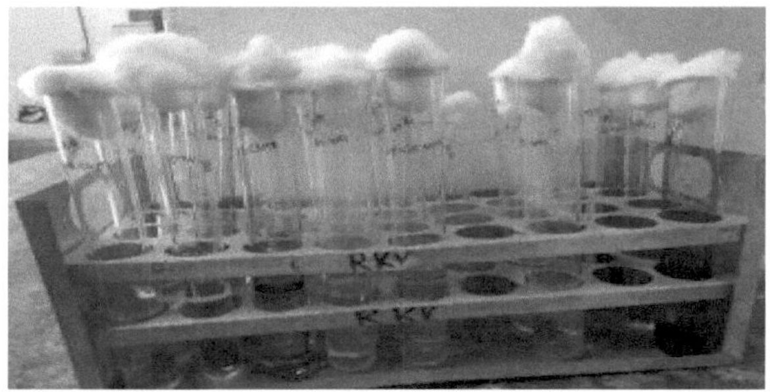

Figura número 3: Diluições seriadas das amostras

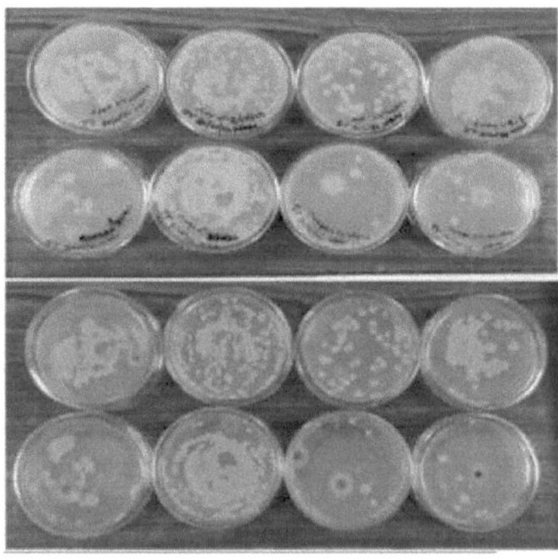

Figura número 4: Placas vazadas das amostras

Maçã Banana

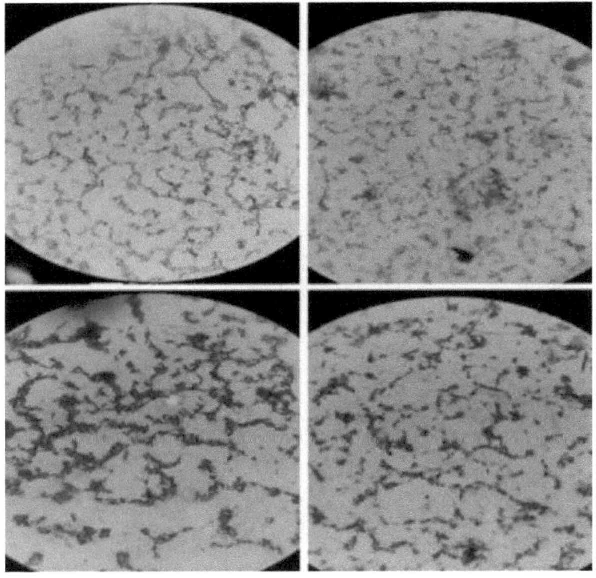

Manga Laranja

Figura número 5: Coloração de Gram das amostras de frutos

Maçã Banana

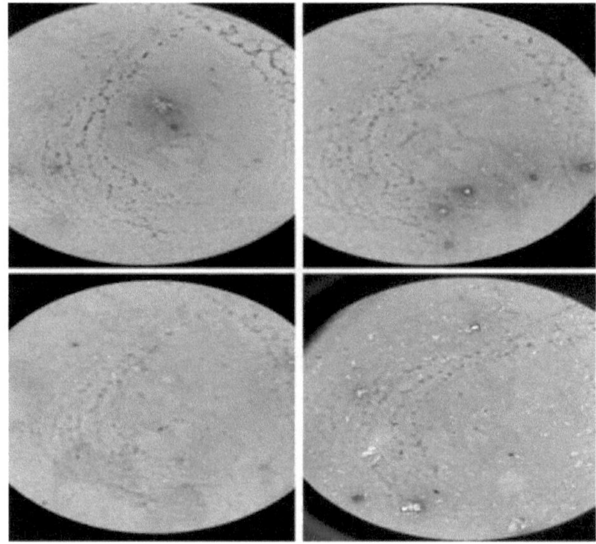

Manga Laranja

Figura número 6: Coloração negativa de amostras de frutos

Maçã Banana

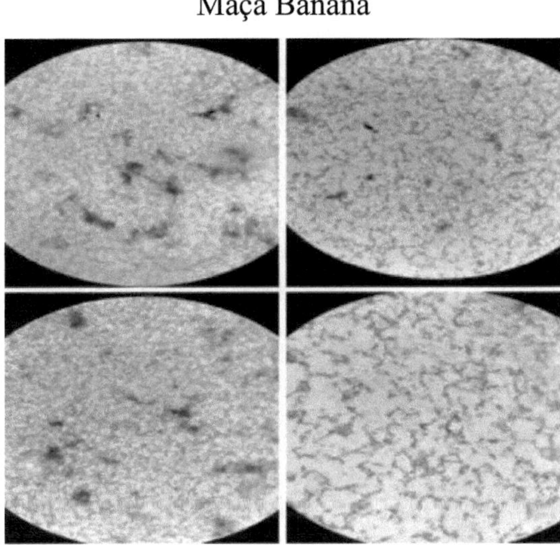

Manga Laranja

Figura número 7: Coloração simples de amostras de frutos

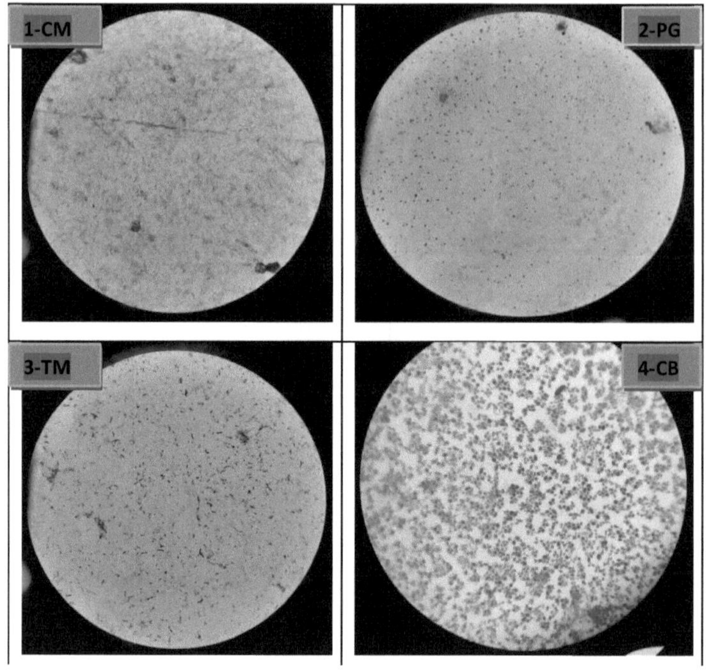

Figura número 8: Coloração de Gram de amostras de vegetais

<u>Sobre o livro</u>

As frutas e os legumes são alimentos que consumimos todos os dias. Normalmente, são indicados como fruta ou legume inteiro, sumo, bebida ou salada, etc., nas tabelas de dietas de todo o mundo. A fruta e os legumes são uma excelente fonte de nutrientes essenciais, como vitaminas, minerais, fibras e antioxidantes, que ajudam a prevenir a diabetes, o cancro e as doenças cardíacas. Os legumes e as frutas desenvolvem-se de forma diferente consoante as várias épocas do ano, que são ideais para as suas condições de crescimento. As frutas e os legumes frescos contêm uma grande quantidade de bactérias nas suas superfícies, nem todas causadoras de doenças. As contaminações provêm de várias fontes, incluindo o solo, a água, os insectos e o ar, de aves, animais e maquinaria utilizada na agricultura que os publicita. A procura de alimentos que sejam microbiologicamente seguros tem-se destacado nos últimos anos devido à crescente consciencialização dos consumidores. Nesta investigação, o objetivo principal era isolar microrganismos de amostras de frutos e legumes frescos e especificar a contagem de bactérias em frutos frescos disponíveis no mercado de Ayodhya, Uttar Pradesh, Índia.

Printed by Books on Demand GmbH, Norderstedt / Germany